영양소도감

세상에서 제일 이해하기 쉬운!

영양소도감

관리영양사 **마키노 나오코**　일러스트 **마츠모토 마키**

시사문화사

'아침에 겨우겨우 일어나, 출근 준비할 시간도 빠듯하다 보니 아침 식사는 건너뛰고, 점심은 편의점 도시락이나 식당에서 대충 때우고, 오후 3시쯤 되면 과자나 초콜릿 등 달고 짠 간식을 먹어대고. 제대로 된 에너지 보충은 주로 늦은 저녁에!

인터넷으로 찾은 유명 맛집에서 친구와 함께 술도 한잔하다 보니 밤이 깊었네.'

이런 생활을 반복하고 있다면, 최근 컨디션이 그리 좋지 않을 것입니다. 피부와 머릿결은 푸석푸석하고, 변비도 생기고, 마음은 불안 · 초조하고……

그러다 친구로부터 '어머, 소란아 얼굴이 많이 상했다, 어디 아프니?'라는 말을 들은 어느 날. "위장은 유쾌냥, 소장은 상쾌냥, 대장은 통쾌냥, 그래서 회장님 기분은 경쾌냥"이라는 아재 개그를 날리며 나타난 길고양이…… 아무래도 이 길고양이는 저의 몸속 어딘가에서 사는 것 같습니다.

"당신 이대로 살면 큰일 난다옹. 3대 영양소에 대해 알고 있냐옹?"

"뭐라고? 음.. 단백질, 지방, 탄수화물?"

"음… 역시, 그 정도는 알고 있구냥. 미네랄과 비타민을 추가하면 5대 영양소. 6번째 영양소로 식이섬유가 주목받고 있다옹. 그뿐만이 아니다옹! 몸속에서 많은 영양소가 건강한 몸을 유지하기 위해 노력하고 있다냥!"이라며 말을 시작하더니……. 어떤 낡은 식당으로 저를 안내했어요. 식당 문을 통과했더니 제가 제 몸속으로 들어왔더라고요!

몸속은 굉장히 복잡했고, 많은 영양소의 도움을 받는 것을 보고 감동했습니다. 모두가 열심히 애쓰는 것을 보고 나니 규칙적인 식생활, 영양 균형, 적당한 운동 등 건강한 삶을 살기 위해서는 실천해야 할 것이 상당히 많이 있다는 것을 알게 되었습니다. 이 책을 읽는 여러분도 마을회장의 영양소 해설을 꼭 들어보세요. 흠.. 하지만 가끔 나오는 아재 개그는 참아줘야 한답니다.

이 책이 앞으로 여러분의 식생활에 조금이라도 도움이 되길 바랍니다.

이 책에 대해서

- 식품 성분 수치는 「일본 식품 표준 성분표 2015년 판(7쇄)」(문부과학성 과학기술학술심의회 자원조사분과회 보고)를 근거로 하고 있습니다.
- 각 영양소를 많이 함유한 식품에 대해서는 일반적으로 알려진 친숙한 것을 위주로 게재하였습니다.
- 각 영양소의 해설이나 만화 내용에 대해 그 효능을 보장하지는 않습니다. 영양소로 섭취했을 때 나타나는 반응은 개인마다 차이가 있을 수 있습니다.

**세상에서
제일
이해하기
쉬운
영양소도감**

2장 • 비타민

● 4장 ● 기능성 성분과 그 외 식품 성분

ON!

OFF…

양소란

30세 회사원. 눈앞의 걱정은 직장에서의 스트레스와 폭음, 폭식으로 불어나는 체중. 최근에는 시간이 없어 스포츠센터도 등록만 해 놓고 가지 못하는 상황. 식생활로 미용과 건강 두 마리 토끼를 잡고 싶어 하지만…

마을 회장 (장내 쾌청)

평범한 길고양이가 아니다. 사실 소란의 몸속에 있는 소란 마을의 회장. 영양소에 대해 해박한 지식을 가지고 있어서 소란에게 여러 가지 가르침을 준다. 쾌적한 장 속 환경을 위해 아재 개그를 펼친다!?

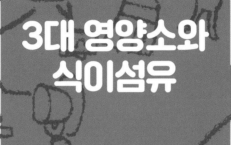

3대 영양소와 식이섬유

1장

한 끼라도 식사를 거르면
기운이 없고, 두뇌 활동이
떨어지기도 합니다.
영양소가 몸에 미치는 영향이
그만큼 큽니다.
그중에서도 가장 중요한 것이
3대 영양소입니다.

3대 영양소란 무엇인가?

가장 중요한 것은 영양소의 균형이다

사람과 저 같은 고양이뿐만 아니라 지구상 모든 생물은 살아가기 위해 음식을 먹습니다. '제대로 먹고 영양을 많이 섭취해야 해!'라는 어머니의 말씀을 많이 들어봤을 것입니다.

음식물에 함유된 물질 중 몸에 필요한 성분을 영양소라고 합니다. 영양소 중에서도 단백질, 지방, 탄수화물(당질) 이 세 가지는 몸의 토대를 만들고, 에너지원이 되기 때문에 '3대 영양소'라

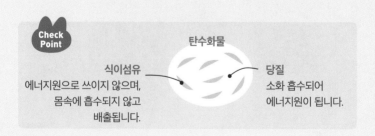

Check Point

탄수화물

식이섬유
에너지원으로 쓰이지 않으며,
몸속에 흡수되지 않고
배출됩니다.

당질
소화 흡수되어
에너지원이 됩니다.

고 불립니다. 여기에 비타민, 미네랄을 추가하면 5대 영양소가 되고, 식이섬유를 6번째 영양소라고 하기도 합니다. 이 모든 것이 생명을 유지하는데 꼭 필요한 필수 영양소입니다.

단백질은 주로 근육이나 장기, 혈액을 만들기 위한 재료가 됩니다. 따라서, 신체 대부분은 단백질로 구성되어 있다고 해도 과언이 아닙니다. 지방은 지방산으로 분해되어 에너지원으로 쓰이고, 위기 사태를 대비해 에너지와 수분을 몸속에 저장하는 중요한 역할을 합니다. 당질은 포도당으로 분해되어 에너지원이 되고, 뇌 활동에 영향을 미치는 중요한 영양소입니다.

당질 제한 다이어트가 유행하긴 하지만 다이어트 중일수록 영양 균형에 주의해야 합니다. 다이어트를 하려면 우선 지방을 삼가고, 탄수화물(당질)을 적당히 줄이면서, 육류, 생선, 달걀, 콩 등 단백질원이 되는 음식을 적정량 섭취해야 합니다. 특히 즉석 음식을 자주 사 먹거나 외식을 많이 하는 사람은 매 끼니의 식사에 주의를 기울여야 합니다.

단백질

신체를 구성하는 영양소

3대 영양소 중의 하나인 단백질. 영어로는 프로틴(protein)이라고 하는데, 운동하는 사람에게는 친숙한 영양소일 것입니다.

단백질은 근육이나 피부, 머리카락, 혈액, 내부 장기 등 신체의 모든 부위를 만드는 재료가 됩니다. 그 종류가 무려 10만 종 이상이라고 알려졌지만, 실은 약 20종류의 아미노산이라는 영양소가 다양한 형태로 조합을 이루고 있는 것입니다. 그중 몸속에서 충분한 양을 합성하지 못하는 9개의 아미노산을 필수 아미노산, 그리고 아미노산, 지방, 당을 사용하여 체내에서 합성할 수 있는 나머지 11종을 비필수 아미노산이라고 합니다.

사람의 몸 중 약 20%를 차지하는 단백질은 근육이나 내부 장기 등의 재료가 될 뿐만 아니라, 소화기관이나 뇌 신경계의 기능

늠름

단백질
강인한 토목공사 현장 작업자. 믿음직해서 모두가 곁에 머물러 있어 주기를 바라지만, 한곳에 정착하지 않는다는 주의. 일이 끝나면 곧 떠나 버린다.

을 조절하는 호르몬을 만들고, 대사에 필요한 효소를 만들거나, 병원균과 싸우는 면역 항체를 만드는 재료가 되기도 하는 등 매우 중요한 역할을 담당합니다. 이렇게 소중한 영양소임에도 안타깝지만, 몸 안에는 단백질을 저장할 곳이 없습니다. 그래서 매일 부족하지 않도록 섭취해야 할 필요가 있습니다. 대신 다른 3대 영양소인 지방과 당질은 저장이 됩니다. 몸이 필요한 만큼 사용하고, 남은 것은 중성지방이 되거나 지방 세포로 저장됩니다.

'무엇부터 먹을까'도 중요하다

아미노산으로 구성된 단백질이지만 몸속에서 충분히 합성되지 않는 아미노산(=필수 아미노산)은 부족해지지 않도록 특히 신경 쓸 필요가 있습니다. 부족하게 되면 머리카락이나 피부가 재생되지 않기 때문에 탈모가 생기거나 피부가 거칠어집니다. 또한, 근육량이 줄어들면서 살이 찌기도 하고, 면역력 저하로 감기에 쉽게 걸릴 수도 있습니다. 그렇다고 해서 단백질을 많이 함유한 식품들을 많이 먹으면 될 것으로 생각할 수 있지만 그렇지 않습니다. 그럼 무엇을 먹으면 좋을까요? 꽤 어려운 질문이지만 여기서 등장하는 것이 바로 아미노산 점수입니다. 즉, 식품에 함유된 필수 아미노산의 균형을 따져볼 수 있는 채점표라고 할 수

5.2
1컵=150㎖
우유

2.6
파마산 치즈
1큰술

15.2
냉동 두부
2조각=30g

23.1
청새치
1조각=100g

있습니다. 점수가 100에 가까울수록 필수 아미노산을 균형 있게 함유한 음식이라고 할 수 있습니다.

앞서 4컷 만화에서도 나왔듯이 단백질에는 동물 단백질과 식물 단백질이 있습니다. 동물 단백질은 보통 육류, 생선, 달걀 등 동물 식품을 통해 섭취하게 되는 단백질입니다. 반면 식물 단백질은 콩이나 곡물, 채소 등에 포함된 단백질입니다.

식물 단백질은 지방 함유량이 적으니 동물 단백질보다 좋으리라 생각할 수 있지만, 꼭 그렇다고 할 수는 없습니다. 동물 단백질이 아미노산 점수가 더 높습니다. 대략 동물 단백질의 아미노산 점수는 100에 가깝다고 기억해 두면 됩니다.

참고로 백미는 콩에 많이 들어 있는 라이신이라는 아미노산이 적은 대신, 콩에 적게 들어 있는 함황아미노산을 많이 함유하고 있습니다. 그래서 콩밥은 부족한 아미노산을 서로 충족할 수 있는 이상적인 영양식이라고 할 수 있습니다.

23.8
참다랑어 등살
회 6토막=90g

23.3
닭가슴살(껍질 제거)
1/2토막=100g

25.0
소고기 등심 스테이크
1장 = 120g

25.8
가다랑어(봄철)
5토막=100g

많이 함유한 식품 평균 1회 식사 함유량(g)

과잉 섭취는 금물

단백질은 체내 저장소가 별도로 없기 때문에 남은 것은 소변으로 배출될 수밖에 없습니다. 그래서 과잉섭취를 하게 되면 **신장에 부담이 가중되어 신장 기능이 저하**될 수 있습니다. 특히 고령자의 경우 과잉 섭취로 인해 식욕부진, 섭식 삼킴장애, 체력이나 면역력 저하에 따른 감염, 혹은 합병증을 유발할 수 있으니 주의해야 합니다.

또한 단백질이 풍부한 음식은 칼로리가 비교적 높은 편으로 다이어트 중인 분이나 근육을 단련하기 위해 의식적으로 단백질을 섭취하고 있는 분들은 주의해 주시기 바랍니다. 결과적으로 칼로리가 넘쳐 비만을 불러올 수 있습니다. 지방이 적은 것을 골라 기름을 쓰지 않고 요리할 수 있는 방법을 찾아 저칼로리·고단백 식사를 하도록 합시다.

지방

가장 큰 에너지원

「지방」이라고 하면 왠지 몸에 안 좋은 것이 아닌가? 라고 생각할지 모릅니다. 물론 지나치게 많이 섭취하면 안 되지만 매우 중요한 영양소입니다.

그럼 지방은 어떤 역할을 할까요? 그것은 신체의 에너지원이 되는 것입니다. 예를 들면 자동차의 에너지원은 휘발유, 지금은 전기도 되지만요. 사람은 휘발유를 마실 수도 없고 전원 플러그도 없으니 매일 먹는 식사로 에너지를 만들 수밖에 없습니다. 그리고 그 에너지원이 되는 것이 3대 영양소인 「단백질」, 「지방」, 「탄수화물」인 것입니다. 그리고 그중에서 가장 큰 에너지원이 되는 것은 지방입니다.

당질의 에너지는 1g당 4kcal지만, 지방은 당질의 배 이상인 9

지방
상냥한 얼굴의 통통한 아저씨. 느긋한 성격이지만, 실은 상당히 부지런하다. 지용성 비타민에게 인기가 많다.

한국인의 이상지질혈증 진단 기준

LDL 콜레스테롤 (mg/dL)		총 콜레스테롤 (mg/dL)		HDL 콜레스테롤 (mg/dL)		중성지방 (mg/dL)	
매우 높음	≥190	높음	≥240	낮음	≤40	매우 높음	≥500
높음	160-189	경계	200-239	높음	≥60	높음	200-499
경계	130-159	적정	<200			경계	150-199
정상	100-129					적정	<150
적정	<100						

(이상지질혈증 치료지침 제정위원회 : 이상지질혈증치료지침 2015)

kcal입니다. 얼마나 큰지 아시겠죠? 섭취할 음식의 양이 적으니 효율성 높은 에너지원이 되지만 사용하고 남은 분량은 지방으로 쌓이게 됩니다. 지방은 뼈나 근육, 내부 장기를 지키는 역할도 있어서 섭취량에 신경을 써야 합니다.

이외에도 지방은 신체기능을 정돈시켜주는 호르몬의 재료가 되거나, 기름에 녹는 지용성 비타민의 흡수를 돕고, 세포를 감싸는 막을 만드는 등의 중요한 역할을 합니다. 특히 다이어트 중인 분은 지방을 피하려고 하지만 잘 섭취하면 좋은 영양소입니다.

미용을 위해서라도 부족하지 않도록

식용 가능한 지방(유지)에는 참기름, 콩기름, 옥수수유, 올리브유처럼 상온에서 액체 상태를 유지하는 것과 라드(돼지기름 종류)

나 버터처럼 고체인 것도 있습니다. 또 생선, 고기 등의 동물 식품이나 곡류, 유제품, 달걀에도 함유되어 있습니다. 생각해 보면 의식하지 못한 채 우리는 매 끼니 많은 양의 지방을 섭취하고 있습니다.

돈가스 덮밥, 튀김 덮밥, 카레… 등과 같은 기름을 사용한 요리는 맛이 좋습니다. 음식에 유지가 들어가면 염분의 맛이 순해져서 뇌가 행복감을 느끼기 때문입니다. 하지만 지방을 과다 섭취하면 비만이 될 뿐만 아니라, 이상지질혈증(고지혈증), 동맥경화, 당뇨병 등 각종 성인병에 걸리기 쉽고, 유방암이나 대장암으로도 확대될 수 있으니 주의해야 합니다.

하지만 지방은 단백질과 함께 사람의 체내 세포막을 형성하는 데 깊이 관여하므로 부족하면 피부 탄력이 떨어져 푸석해지거나 머리카락 윤기도 사라지게 됩니다. 호르몬 균형이 무너져 여성의 경우 생리불순이 생기기도 합니다. 그리고 지방을 소화하는 데는 시간이 걸리므로 식사 후에는 어느 정도 포만감이 지속됩니다. 기름으로 요리한 음식을 많이 먹으면 속이 거북해지는 것도 이 때문입니다. 그래서 다이어트를 위해 지방을 극단적으로 줄이면 포만감이 생기지 않아 배고픈 기분이 드는 상태가 계속되어 갑자기 과식을 하게 되는 것입니다.

닭다리 살(껍질 포함)
1/2토막=100g

꽁치
1마리=100g

콜레스테롤은 나쁜 것?

「콜레스테롤」은 지방의 일종입니다. '콜레스테롤=나쁜 것'으로 생각하기 쉽지만, 오해입니다. 콜레스테롤은 온몸에 있는 세포를 덮는 막이나 지방의 소화를 돕는 담즙의 재료가 됩니다. 혈관도 세포로 되어 있으니 살아가기 위해서 부족해선 안 되는 영양소입니다. 음식으로 섭취할 뿐만 아니라 사람은 필요한 콜레스테롤의 약 3분의 2를 체내에서 생성하고 있습니다.

그런데 「LDL(나쁜) 콜레스테롤」과 「HDL(좋은) 콜레스테롤」이라는 용어를 들어보셨을 겁니다. LDL은 간을 통해 혈액을 타고 온몸으로 콜레스테롤을 운반하는 역할을 합니다. 하지만 이 LDL이 많아지면 혈관 벽에 쌓여 뇌경색, 심근경색의 위험을 키워 '나쁜 콜레스테롤'이라고 불리고 있습니다. HDL은 건강에

돼지고기
(어깨살, 비계 포함)
돈가스용 1장=150g

돼지고기(삼겹살, 비계 포함)
90g

소고기(등심, 비계 포함)
150g

많이 함유한 식품 평균 1회 식사 함유량(g)

좋지 않은 영향을 미치는 여분의 콜레스테롤을 혈액을 통해 회수하는 역할을 합니다. 그래서 '좋은 콜레스테롤'이라고 합니다. 건강검진 시에는 LDL 수치와 HDL 수치, 중성지방 수치를 점검할 수 있습니다. 높든지 낮든지 건강에 문제가 되니 정기적으로 검사하면서 관리할 필요가 있습니다.

건강에 좋은 기름이란?

함유된 지방산에 주목하자!

몸에 무엇보다 중요한 영양소인 지방은 다양한 성분이 결합하여 만들어 집니다. 그중 한 가지가 「지방산」이라고 불리는 성분입니다. 지방산은 크게 「포화지방산」과 「불포화지방산」두 가지로 나뉩니다.

포화지방산 중 하나인 팔미트산은 소고기의 지방인 우지, 돼지고기의 지방인 라드, 유지방인 버터, 달걀 등 동물 지방에 많이 함유되어 있습니다. 상온에서는 고체 형태인 포화지방산은 체내에서도 합성되기 때문에 지나치게 많이 섭취하면 중성지방이나 콜레스테롤 농도가 올라가게 됩니다. 그러면 혈액이 끈적거리는 상태가 되고 이는 이상지질혈증(고지혈증)이나 동맥경화를 일으킵니다.

한편 불포화지방산은 생선이나 식물 기름에 많이 함유되어 콜레스테롤 수치를 낮추는 작용이 있으며, 상온에서는 액체 상태입니다. 불포화지방산은 지방산이 가지고 있는 이중 결합의 수에 따라 단일불포화지방산과 다가불포화지방산으로 나뉩니다. 다가불포화지방산은 이중 결합의 위치에 따라 n-6 계열의 지방산(오메가6)과 n-3 계열의 지방산(오메가3)으로 나뉩니다.

냠냠

필수지방산

불포화지방산 중 몸속에서 합성되지 않는 「리놀레산」과 「α(알파)-리놀렌산」, 그리고 조금밖에 합성되지 않는 「아라키돈산」 이렇게 세 가지를 「필수 지방산」이라고 합니다. 즉 이들은 음식으로 섭취해야 하는 지방산입니다. 유채씨 · 옥수수 · 들깨 · 차씨 · 모링가 · 콩 · 땅콩 · 마카다미아너트 · 호박 · 달맞이꽃 · 해바라기 · 팜 · 참깨 · 올리브 · 아몬드 등의 식물 기름에 풍부하게 함유되어 있습니다.

또한 최근 자주 듣는 「도코사헥사엔산(DHA)」과 「에이코사펜타엔산(IPA 혹은 EPA)」은 생선 기름에 많이 함유된 불포화지방산입니다. 참치 · 고등어 · 연어 등 등푸른생선에 다량 함유되어있고, 중성지방을 낮춰 이상지질혈증(고지혈증)을 예방하고, 동맥경화로 인한 허혈성 심장질환의 발병을 억제하는 역할을 합니다.

이른바 '피가 맑은' 상태를 만들어주는데 주목받는 유지입니다. 다이어트에 지방이 신경 쓰인다면, 포화지방산인 동물 지방을 줄이고 불포화지방산을 섭취하는 것이 좋습니다.

또한 스낵류, 피자, 구운 과자, 튀김 등의 가공식품에 많이 들어 있는 「트랜스지방산」은 LDL 콜레스테롤을 늘리고 노화, 성인병을 일으킬 우려가 있어 가능하면 섭취하지 않는 편이 좋습니다. 여하튼 유지의 지나친 섭취는 논외로 치더라도 몸에 좋은 기름을 고르는 것이 중요합니다.

당질

가장 중요한 에너지원

3대 영양소인 「단백질」, 「지방」, 「당질」은 모두 에너지원이 됩니다. 당질은 탄소, 산소, 수소가 결합한 화합물로 체내에서 이산화탄소와 물에 의해 분해되고 순식간에 1g당 4kcal의 에너지를 만들어 냅니다. 피로할 때나 배고플 때 단 걸 먹으면 힘이 생기죠? 어떤 영양소보다 빨리 에너지를 만들 수 있다는 것이 특징입니다.

그런데 당질은 탄수화물에서 소화되지 않는 식이섬유를 제외한 것을 말합니다. 「당질=탄수화물-식이섬유」입니다. 탄수화물이라고 하면, 바로 떠오르는 밥과 빵이 오래 씹으면 단맛이 느껴지는 것도 당질을 함유하고 있어서입니다.

당질은 구조에 따라 크게 단당질, 소당질, 다당질로 나눌 수

당질
항상 뜨거운 열혈 형님. 운동을 좋아하고 동작이 빠르다. 대신 비타민B1의 도움을 받지 않으면 지방으로 모습을 바꾼다.

Check Point

식이섬유는 칼로리 제로?

식이섬유에 칼로리가 전혀 없는 건 아닙니다. 수용성 식이섬유
는 1g당 2kcal. 불용성 식이섬유는 1kcal 정도의 에너지를 생성
합니다.

있습니다. 단당은 분해되면 당질 본연의 기능이 없어지는 당질
로서의 최소단위입니다.

단당류는 일반적으로 단맛이 강하고 물에 잘 녹습니다. 대표
적인 것은 포도당입니다. 사람에게 매우 중요한 뇌는 이 포도당
을 에너지원으로 사용하고 있습니다. 그래서 포도당이 부족하
면 기억력이 저하되고, 힘이 빠지는 느낌이 들게 됩니다. 「아침
밥을 꼭 챙겨 먹어라」라고 얘기하는 것도 당질을 섭취하지 않으
면 두뇌 회전이 잘 안되기 때문입니다. 소당류는 단당이 2~10
개 정도 결합한 것을 말합니다. 올리고당이나 요리할 때 쓰는
설탕, 맥아당 등이 해당합니다. 그리고 다당류는 단위가 10개
이상 결합한 것으로 곡물류, 뿌리 작물류, 콩류 등의 식물 식품
에 많이 함유된 전분입니다. 물에 녹지 않고 단맛도 거의 없습
니다. 이 외에도 당알코올류라는 것도 있습니다. 채소. 과일, 버
섯, 해조류, 와인, 청주, 간장, 된장 등 발효식품에 함유되어 있
습니다. 모든 당질은 빠르게 에너지로 전환되지만 안 좋은 점
은 남은 양이 지방으로 변해 간이나 지방 세포에 저장된다는

것입니다. 두뇌 회전도 빨라지고, 피로도 해소되고, 맛도 좋다고 해서 너무 많이 섭취하면 비만을 일으킬 수 있으니 주의해야 합니다.

당질 다이어트는 위험하다?

최근 「당질 제거」, 「당질 0%」, 「당질 제한」 등의 광고 문구가 들어간 제품이 많이 판매되고 있습니다. 당질 제한 다이어트라든가 탄수화물 다이어트도 자주 들어보았을 겁니다.

하지만 잠깐! 당질을 제한하면 간에 축적된 당질을 쓰게 됩니다. 그 당질에는 수분이 붙어있어 다이어트 직후 체중이 줄어드는 것은 체내의 수분량이 줄어든 것입니다. 결코 체지방이 감소하는 건 아닙니다. 게다가 당질의 주된 활동을 생각하면 아시겠지만, 당질이 부족하면 곤란해지는 것은 뇌로 분명히 짜증을 느끼게 됩니다.

게다가 당질을 섭취하지 않으면 단백질이나 지방의 양이 늘어나 영양 균형이 무너지고 식이섬유도 부족하게 되어 변비를 일으킵니다. 극단적으로 당질을 제한하거나 전혀 먹지 않는다면 여러 면에서 지장을 초래할 수 있으니, 무리하게 자기 방식으로 당질 다이어트를 하지 않는 것이 좋습니다.

크루아상
1개=40g

17.6

사과
중간크기 1/2개=120g

18.6

22.5

바나나
1개 =100g

저 GI 식품이란 무엇인가?

「당지수(glycemic index, GI)」란 빵이나 쌀 등 탄수화물을 섭취했을 때 혈당치가 얼마나 쉽게 올라가는지 정도를 표시하는 것입니다. 저(低) GI 식품이라는 것은 식후의 혈당치가 쉽게 올라가지 않는 음식으로 일반적으로 건강에 좋다고 알려져 있습니다.

왜 저 GI가 건강에 좋을까요? 거기엔 「인슐린」이라는 호르몬이 연관되어 있습니다. 인슐린은 식후에 상승한 혈당치를 낮추는 활동을 하고, 혈당치가 상승할수록 분비량이 많아집니다. 하지만 인슐린은 지방을 만듦으로써 지방세포 분해를 억제하는 역할을 하므로 너무 많이 분비되면 비만의 원인이 됩니다. 그래서 당뇨병이 있거나 다이어트 중에는 GI 지수가 낮은 식품을

가락국수 면(삶은 것) 한 공기 =250g	밥 1공기=150g	스파게티 건면 1접시=100g
54.0	55.7	73.9

많이 함유한 식품 평균 1회 식사 함유량(g)

고르는 것이 좋습니다. 곡물류 등은 될 수 있으면 정제되지 않은 것을 선택하거나, 한 번에 많이 먹지 말고 횟수를 나누어 소량씩 먹는 등 혈당치가 쉽게 올라가지 않도록 하는 식사법에 신경을 써야 합니다.

식이섬유

장내 환경을 깨끗하게 해주고 혈당치 상승도 억제해준다

'변비 해소에는 식이섬유!'라는 말을 들어보셨죠? 우엉을 오래 씹으면 입안에 남는 것이 있는데, 이것이 「식이섬유」입니다. 「섬유」라고 부를 정도이니 가는 실 같은 것을 생각할 겁니다. 실과 비슷할 뿐만 아니라 벌집 구조, 수세미 구조 같은 것도 있습니다. 전부 다공질 구조라고 불립니다. 표면에 많은 구멍이 있는 형태입니다.

식이섬유+당질=탄수화물

식품에 표시되어 있는 영양성분에서는 「탄수화물」이라고 하고 있는 경우와 「당류」, 「식이섬유」라고 나누어 표시하고 있는 경우가 있습니다.

식이섬유
수용성 식이섬유와 불용성 식이섬유가 합심해 함께 청소한다

여러분 오늘은 대장 거리 청소를 부탁드립니다옹!

식이섬유 단체

대장상점가

여기는 오랜 시간 동안 운영되지 않아 쓰레기가 많이 쌓여있습니다.

곤약 씨와 우엉 씨는 빗자루 담당입니다.

미끌덩~
끈떡 끈떡
미끌덩~
싹싹 싹싹
부들부들

미역 씨와 낫토 씨는 물통과 물걸레 담당입니다.

휴우

네에!

마을 회장님은?

명치

구석구석 깨끗이 해주세요. 잘 부탁한 다옹~~

그런데 이것이 왜 변비에 효과적일까요? 식이섬유는 「뱃속의 청소 담당」이라고 생각하면 될 것 같습니다. 사람이 음식을 먹고 소화관을 통과하는 시간은 개인차가 있지만 24~72시간이라고 알려져 있습니다. 그리고 대부분은 대장을 통과합니다. 소화관 안에서는 다량의 소화액이 분비되는데, 그 수분을 다공질의 식이섬유가 흡수하면서 팽창하여 대변을 부드럽게 만들고, 많은 양의 배변으로 이어지게 됩니다. 원래 식이섬유는 몸속의 소화효소에 의해 소화되기 힘들어 그대로 배출되는 성분입니다. 그런데 그 식이섬유가 소화되지 않은 채 대장으로 옮겨가 중요한 생리기능을 담당하고 있는 것입니다.

식이섬유가 변비를 예방, 개선한다는 것은 장내 환경을 깨끗이 한다는 것입니다. 그 외에도 식이섬유에는 혈당치가 급격하게 오르지 않도록 억제하는 역할과 콜레스테롤의 흡수를 억제하는 역할도 있다는 것이 알려졌습니다. 최근 성인 남녀에게 있어 좋은 것은 비만 방지일 것입니다. 식이섬유가 수분을 머금고 부풀어 오르면, 부피가 늘어나기 때문에 위에서 체류하는 시간이 길어지고, 포만감을 지속하여 과식을 막아줄 수 있습니다.

수용성과 불용성

식이섬유는 여러 종류가 있고 각각의 역할이 다르지만 크게 두 종류로 나누면 「수용성 식이섬유」와 「불용성 식이섬유」가 있습니다. 이름으로 알 수 있듯이 물에 녹는 식이섬유와 녹지 않는 식이섬유입니다. 어떤 식이섬유냐에 따라 효능이 다르므로 균형 있게 섭취하는 것이 중요합니다.

우선, 「수용성 식이섬유」는 끈적끈적하고, 미끌미끌한 점성과 수분 보존력이 강한 것이 특징입니다. 과일이나 채소에 많이 함유된 펙틴, 다시마나 미역에 많이 함유된 알긴산, 곤약의 글루코만난, 보리 같은 곡물류의 β(베타)-글루칸 등이 수용성으로 분류됩니다. 장에 음식 찌꺼기가 쌓이면 발효되면서 독소가 생

3.4
호밀빵
1쪽=60g

3.7
아보카도
1/2개=70g

4.0
브로콜리
3~4쪽=90g

5.2
마른 톳
10g

많이 함유한 식품 평균 1회 식사 함유량(g)

기게 되어 피부가 거칠어지거나 질병의 원인이 될 수도 있습니다. 그 찌꺼기를 수용성 식이섬유가 감싸서 몸 밖으로 배출합니다. 섭취한 식품이 수용성이라면 장을 지나가는 속도가 느려져 당질의 소화흡수 속도도 늦어지면서, 급격한 혈당치 상승을 억제해주기 때문에 다이어트에 효과적입니다. 게다가 콜레스테롤 등과 같은 지방을 빨아들여 배출하거나 장내의 점막을 지켜 유익균을 증가시키는 효과도 있습니다.

한편「불용성 식이섬유」는 콩이나 우엉 등과 같은 셀룰로스, 헤미셀룰로스 등입니다. 무엇보다도 물에 녹지 않고, 위나 장에서 수분을 흡수해 팽창하면서 장을 자극하게 되어 배변 활동을 촉진해 줍니다. 고구마를 먹으면 방귀가 나오죠? 그것도 불용성 식이섬유의 효과라고 할 수 있습니다. 불용성인 음식은 우엉 등 섬유질이 강한 음식이 대부분이므로 잘 씹어 먹어야 합니다. 그래야 과식을 막고 포만감도 얻을 수 있습니다.

부족하게 되면…

건강한 몸의 3대 조건은 '쾌식, 쾌면, 쾌변'입니다. 식이섬유가 부족하게 되면 쾌변이 안 됩니다. 장에 남은 쓰레기를 빨리 체내에서 배출시키는 것은 대단히 중요합니다. 그러지 않으면 성인병이나 암에 걸릴 위험이 커집니다.

하루 한 번 프랑크푸르트 소시지나 바나나와 같은 모양의 변이 2번 정도 나오는 것이 쾌변입니다. 배변이 3일 동안 없다면 변비라고 할 수 있습니다. 변비가 있는 사람은 변이 동글동글하거나 가늘고 묽은 변이 많습니다. 그런 사람이야말로 식이섬유와 수분을 듬뿍 섭취해야 합니다. 묽은 변을 보면 지방을 너무 많이 먹지 않도록 합시다. 설사는 폭음·폭식 이외의 원인으로도 발생합니다. 변의 색은 대장을 통과하는 시간에 따라 다르다고 합니다. 짧을수록 황색에 가깝고, 갈색까지는 건강한 변입니다. 흑색이나 적색이라면 전문의와 상담해야 합니다!

장내 환경이 정돈되어 있는지 아닌지 판단하기 위해서는 변을 점검하는 것이 중요합니다.

건강한 변 체크 표

변은 건강 상태를 표시하는 잣대입니다. 이상적인 변은 황색~오렌지색입니다. 바나나 모양이나 어느 정도 단단한 변이 건강한 변이라고 할 수 있습니다.

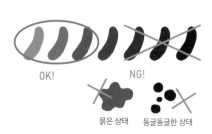

OK!   NG!

묽은 상태   동글동글한 상태

비타민

2장

음식으로부터 영양소를 흡수하여
에너지로 바꾸거나 몸을 만드는
재료로 사용하기 위해 비타민의
활동이 없어서는 안 됩니다.
매일 식사 때 균형 있게
섭취하는 것이 중요합니다.

비타민이란 무엇인가?

소량이지만 없으면 안 되는

「비타민」은 단백질, 지방, 탄수화물(당질), 미네랄과 함께 5대 영양소 중 하나입니다. 대신 다른 영양소와는 달리 에너지나 신체의 조직을 만드는 성분으로는 거의 활용되지 않고, 다른 영양소가 원활하게 일할 수 있도록 보조하는 역할을 하고 있습니다. 그리고 여러 가지 생리기능을 유지하는 데 관여하고 있습니다. 비타민B$_1$, B$_2$, 니아신 등은 3대 영양소의 대사를 돕습니다. 비타

미량 영양소란?

3대 영양소에 비해 적은 섭취량으로 족한 영양소입니다. 유기화합물의 미량 영양소를 비타민, 무기화합물을 미네랄이라고 부릅니다. 하지만 조금이라도 부족하면 큰일 납니다.

민 A, D, B₂, B₆ 등은 혈관, 피부, 뼈 등의 건강을 유지하는 일을 합니다. 항산화 작용을 하는 것은 비타민 A, E, C 등입니다.

「미량 영양소」라고 불리며 필요한 양은 적지만, 그 양이 부족하게 되면 특유의 결핍증을 일으키니 얕보면 안 됩니다. 체내에서 합성되는 것도 있지만, 그것만으로는 부족하므로 식품에서 섭취할 필요가 있습니다.

영양소로써 필요한 비타민은 13종이며, 크게 두 그룹으로 나눕니다. 하나는 「지용성 비타민」으로 기름에 쉽게 녹고 열에 강한 타입입니다. 비타민A, D, E, K 등 4종류입니다. 지용성 비타민을 과다 섭취하면 간에 축적되어 과잉증상을 일으킬 수도 있으니 조심해야 합니다.

그리고 다른 하나가 「수용성 비타민」으로 물에 녹기 쉽고 열에 약한 타입입니다. 비타민B군과 비타민C 등 9종류입니다. 이들은 많이 섭취해도 몸속에 저장되지 않기 때문에 필요량 외에는 바로 배출됩니다.

비타민A

피부나 눈 건강에 꼭 필요하다

「비타민A」 하면 뭐가 생각이 나나요? 저는 제가 제일 좋아하는 장어입니다. 예전부터 '장어를 먹으면 힘이 난다'라고 말할 정도로 영양이 풍부한 생선으로, 특히 비타민A가 많이 함유되어 있습니다. 힘이 나는 건 그 때문입니다.

비타민A는 코, 목, 폐 등의 점막의 재료가 되며 바이러스 침입을 막습니다. 따라서 면역력이 올라가고 감기 예방, 암 예방도 됩니다. 항상 변화하는 피부, 머리카락, 손톱 등의 세포를 활성화하는 것도 비타민A입니다. '아름다운 피부'를 가지기 위해서는 필수 불가결입니다.

또한, 비타민A는 「눈의 비타민」이라고 불릴 정도로 눈의 기능에 크게 영향을 미칩니다. 망막에서 빛을 감지하는 물질인 로

비타민A가
부족한 분~
거칠어진 피부가
신경 쓰이는 분~

음

시식해 보세요

비타민A

지방

치이

화르륵

저를
두고 하는
얘기
입니까?

밤에 글씨가
잘 안 보이는 분~
드셔보시겠어요?

우걱우걱우걱

무서워~~

아 아 아…
비타민A는 지방과
같이 먹으면 흡수가
더 잘 됩니다.

비타민A
미용에 관심이 많고 머릿
결은 찰랑찰랑, 피부는 빛
이 나는 예쁜 아가씨. 지
방을 좋아한다.

장어구이
1토막=100g

은대구
1토막=100g

많이 함유한 식품 평균 1회 식사 함유량(g)

돕신을 만들고 있기 때문입니다. 로돕신은 레티날과 단백질로 만들어졌는데, 레티날은 레티놀(비타민A)에서 만들어지는 물질입니다. 비타민A가 부족해 로돕신이 감소하면 어두운 곳에서 눈이 잘 안 보이는 야맹증을 일으키기 때문에 조심해야 합니다.

비타민A에는 동물 식품에 많이 들어 있는 「레티놀」과 신체의 필요에 의해 비타민A에 대응하는 역할을 하는 「β(베타)-카로틴」이 있습니다. β-카로틴과 같은 물질은 프로비타민A라고 불리는 β-카로틴, 크립토크산틴 등의 카로티노이드를 말합니다. 이는 녹황색 채소에 많이 함유되어 있습니다.

기름과 함께 섭취하면 흡수력 UP!

비타민에는 물에 녹기 쉬운 「수용성 비타민」과 물에는 녹지 않

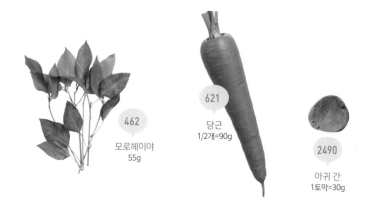

462
모로헤이야
55g

621
당근
1/2개=90g

2490
아귀 간
1토막=30g

고 기름에 쉽게 녹는 「지용성 비타민」이 있습니다. 비타민A는
비타민D, E, K와 함께 지용성 비타민입니다. 그리고 앞서 얘기
한 것처럼 비타민A에는 레티놀과 β(베타)-카로틴이 있습니다.

「레티놀」은 고기나 생선 등 동물 식품, 특히 간이나 간유에
많이 함유되어 있습니다. 「β-카로틴」은 녹황색 채소인 시금치,
모로헤이야※, 호박, 당근 등에 많이 들어 있습니다. 비타민A를
효율적으로 섭취하기 위해서는 지용성이라는 점을 살려 유지와
함께 섭취해야 흡수율이 높아집니다.

열을 이용해 조리한다면 볶음 요리를 권합니다. 생으로 먹는
다면 드레싱이나 마요네즈 등 기름을 함유한 소스를 뿌리는 것

───────────

※ 모로헤이야(Molokheiya) : 열대 아시아와 아프리카가 원산지인 아열대 채소로 다소
미끈거림이 있고 약간 씁쓸한 맛이 난다.

8400

닭 간
60g

10400

돼지 간
80g

많이 함유한 식품 평균 1회 식사 함유량(g)

을 추천합니다. 깨나 아몬드 등의 견과류를 곁들이는 것도 좋습니다. 예를 들면 β-카로틴이 많은 당근을 채 썰어 참기름이나 식용유에 볶는 '당근 볶음'은 비타민A를 제대로 흡수할 수 있는 요리법이라고 할 수 있습니다. 참치 통조림이나 달걀을 추가해도 좋습니다. 기름진 장어구이도 물론 좋지만, 비타민A가 풍부한 식자재는 바로 간입니다. 간 꼬치구이에 내장을 함께 먹으면 영양 만점이겠죠!

지나치게 섭취하면…

장어 얘기를 하고 있자니 먹고 싶어지네요… 그런데 '임신했을 때 장어를 먹으면 안 된다'는 말을 들어본 적 있으신가요? 결론부터 말하자면 그런 일은 없습니다. 대신 지나친 섭취는 금물입니다. 복날에 마음껏 먹는 건 아무런 문제가 되지 않습니다.

너무 신경 쓰지 않아도 되지만, 지나친 섭취에 대해 주의해야 하는 이유는 지용성 비타민A의 90%가 간에 저장되고, 몸 밖으로 잘 배출되지 않기 때문입니다. 특히 동물 식품에 함유된 레티놀은 세포의 생성이나 분해에 관여하는 물질이기 때문에, 임신 초기에 과다 섭취하게 되면 태아가 기형, 선천성 이상 등의 문제를 가지고 태어날 가능성이 커진다고 합니다. 하지만 정상적인 양을 섭취한다면 전혀 문제 될 것이 없습니다.

식품보다 더 신경 써야 하는 것이 영양제입니다. 비타민A를 지나치게 섭취하면 메스꺼움, 두통, 뼈 장애를 일으키고, 간에 좋지 않은 영향을 미칠 수 있으니 제대로 성분을 확인해야 합니다.

그런 점에서 β-카로틴은 비타민A가 부족할 때만 체내에서 비타민A로 변하는 훌륭한 성분이기 때문에 과다 섭취로 인한 걱정은 없습니다. 따라서 녹황색 채소를 일상 식생활에서 듬뿍 먹는 것은 매우 좋습니다.

비타민D

뼈를 강하게 만들어주는 비타민

「비타민D」는 비타민A, E, K와 마찬가지로 「지용성 비타민」에 속합니다. 식품에서 섭취하는 비타민D는 버섯류에 들어 있는 D_2와 어류, 달걀 등의 동물 식품에 들어 있는 D_3가 있습니다. 원래 비타민D에는 D_2~D_7까지 6종류가 있지만, 사람에게 중요한 비타민D는 D_2와 D_3뿐이라고 합니다.

또한 비타민D는 햇볕을 쐬는 것만으로도 만들어지는 신기한 비타민이기도 합니다. 그에 대해서는 나중에 다루기로 하고, 우선 비타민D는 어떤 영양소일까요?

뼈의 재료가 되는 칼슘을 보조해준다고 보면 됩니다. 음식에 함유된 칼슘의 흡수를 원활하게 하고, 뼈와 치아에 칼슘이 전달될 수 있도록 돕습니다.

비타민D
햇빛을 좋아하는 형님. 칼
슘을 좋아해서 인력거를
끌면서 그를 도와준다.

근육을 움직이고, 심장의 정상적인 활동을 돕는 역할을 하는 칼슘은 항상 혈액을 타고 온몸을 순환하며 근육을 움직이고, 심장이 정상적으로 활동할 수 있도록 돕는 역할을 합니다. 만약 혈액 속에 칼슘이 부족하게 되면 비타민D가 뼈에 들어 있는 칼슘을 녹여 혈액으로 보내줍니다.

따라서 비타민D가 부족하면 뼈 성장에 나쁜 영향을 미치게 됩니다. 척추가 굽어지거나 다리가 X나 O자형으로 휘기도 하고, 골다공증 및 충치에 걸리기 쉽습니다. 임신한 경우는 엄마의 칼슘을 태아에게 공급하기 때문에 결핍되지 않도록 의식적으로 섭취하면 좋습니다. 더 좋은 효과를 보고 싶다면 비타민D를 많이 함유한 식품과 칼슘을 많이 함유한 식품을 함께 먹어야 합니다. 또한 지용성이므로 기름으로 요리하면 좋습니다. 양질의 오일을 뿌려 생선 카르파초를 요리해 먹는 것도 추천합니다.

햇빛으로도 합성된다

비타민D는 식품으로 섭취할 수도 있지만, 체내에서 만들어 낼 수 있는 비타민입니다. 어떻게 만들어질까요? 그것은 직사광선을 쬐는 것입니다.

최근에는 밖에서 활기차게 뛰어노는 아이들을 보기 힘듭니

14.9
꽁치
1마리=100g

19.0
장어구이
1토막=100g

25.0
정어리(말린 것)
2마리=50g

다. 놀이 공간이 줄어들어서이기도 하지만 게임 등으로 실내에서 보내는 일이 많아졌기 때문일 것입니다. 게다가 많은 사람이 특히 자외선을 극도로 꺼립니다. 계속 쐰다고 좋은 건 아니지만 하루에 10~20분 정도 산책하면서 일광욕을 하는 건 필요합니다. 스트레스 해소에도 효과가 있습니다.

꽃가루 알레르기에도 좋다

비타민D는 뼈나 치아를 튼튼하게 할 뿐만 아니라 그 외에도 많은 효능이 있습니다. 예를 들면 봄에 꽃가루 알레르기, 콧물, 코막힘, 재채기, 눈 가려움으로 고생하는 사람이 많습니다. 최근 꽃가루 알레르기 등의 각종 알레르기 증상에 비타민D가 효과가 있다는 연구 보고가 많이 나오고 있습니다. 햇볕을 많이 쐰

25.6

연어
80g

33.0

아귀 간
1토막=30g

많이 함유한 식품 평균 1회 식사 함유량(g)

경우, 그만큼 비타민D의 혈중농도가 높아서 꽃가루 알레르기가 있는 사람이 적다고 합니다.

또 비타민D는 면역력을 강화할 수도 있어 감기뿐만 아니라 암 예방에도 좋습니다. 게다가 혈중 비타민D 농도가 높을수록 낮은 사람에 비해 당뇨병에 걸릴 확률이 적다는 보고도 있습니다.

단, 비타민D가 체내에서 필요 이상으로 많아지면 혈관이나 심장, 폐 등에 칼슘이 쌓여 신장에 문제가 발생할 수 있습니다. 영양제로 먹는 경우는 많은 양을 섭취하지 않도록 주의합시다!

도대체 뼈란?

갓 태어난 아기 몸속의 뼈는 약 305개입니다. 뼈는 매일 끊임없이 변화하고 있고, 성장함에 따라 분리되어있던 뼈가 붙기도 하므로 성인의 몸속에는 200~206개의 뼈가 있다고 합니다. 뼈는 우리 몸을 지탱하고, 내부 장기를 지키고, 칼슘을 저장하고, 혈액을 만들기도 합니다.

참고로 고양이의 뼈는 약 230개로 영구치는 30개입니다. 인간보다 작아도 뼈의 수는 고양이가 더 많습니다. 어디서나 종횡무진 뛰어다닐 수 있는 재빠름은 그 덕분입니다.

지나치게 섭취하면…

영양제 등으로 다량의 섭취를 장기간 계속하면 고칼슘혈증, 신장장애, 연조직(관절, 인대 등)의 석회화가 발생합니다. 또한 유아기에 다량의 비타민D를 섭취하면 성장이 늦어질 우려가 있습니다.

비타민E

활성산소로부터 아름다움과 건강을 지킨다

「비타민E」는 '회춘 비타민', '안티에이징 비타민'이라고 불리기
도 합니다. 원래 노화의 원인은 「활성산소」입니다. 뭔가 몸에 안
좋은 물질이라고 들어본 적이 있으시지요? 말 그대로 '활발
한 산소' 즉, 산화시키는 힘이 강한 물질입니다. 이 활성산소
가 세포를 공격하면 세포막의 지방이 산화되면서 과산화지질
로 바뀌어 장기나 피부 등의 노화의 원인이 됩니다. 나이를 먹
으면 혈중 과산화지질의 양이 증가한다고 합니다. 과산화지질
은 신장에서 배출되지 않고 몸에 축적되기 때문에 조심해야
합니다.

'산화'의 이해가 어렵다면 '금속의 녹'을 상상해 보세요. 그
녹도 산화로 인해 일어나는 현상입니다. 반질반질한 금속도 산

비타민E
나이를 알 수 없는 아름다운 마성을 지닌 여성. 비타민A, C와 함께 미용을 위해 일한다.

화하면 너덜너덜해져 지저분해집니다. 인간의 몸도 산화되어 녹이 스는 것입니다. 주름이나 기미 같은 눈에 보이는 노화뿐만 아니라 몸의 안쪽, 내부 장기의 노화에도 연결됩니다. 혈관에 녹이 슬면 혈액의 흐름이 안 좋아져 두통, 어깨 결림 등을 일으킬 뿐만 아니라 동맥경화의 원인이 되기도 합니다.

이때 비타민E가 등장합니다. 비타민E는 「지용성 비타민」으로써 세포막에 존재하며 활성산소의 공격으로부터 세포막을 지키는 역할을 합니다. 하지만 체내에서는 생성되지 않기 때문에 식품으로 섭취하는 것이 중요합니다.

여성에게 특히 중요한 비타민

비타민E는 활성산소의 활동을 억제하고 노화 속도를 늦춰줍니다. 특히 여성에게 좋은 효능이 많이 있습니다.

우선 여성호르몬의 생성을 돕고, 생식 기능을 보호하는 역할이 있습니다. 생리불순이나 생리통, 불임에도 효과가 있다고 합니다.

언제까지나 젊게, 보기에도 5살 어려 보이는, 아니 10살 젊어 보이도록 할 수 있는 것이 비타민E의 항산화작용입니다. 세포의 산화를 막아주기 때문에 피부의 대사를 유지해주고 기미 예

해바라기씨 유
1작은술=4g

파프리카(빨간색)
1/2개=50g

모로헤이야
55g

방도 됩니다. 머릿결이 건조해지는 것을 막아주며, 피부에 윤기가 돌게 해줍니다. 또 여성 중에 냉증인 사람이 많은데, 비타민E에는 혈액순환을 원활하게 하는 역할도 있어 혈액이 손끝까지 돌도록 해주며, 냉증도 개선도 됩니다. 젊었을 때부터 비타민E를 신경 써서 섭취하면 좋습니다.

기름과 같이 먹으면 흡수력 UP

비타민E는 비타민A, D, K와 마찬가지로 「지용성 비타민」이므로 유지와 함께 섭취하면 흡수력이 높아집니다. 열이나 산에 강해 요리 시 볶아도 성분이 파괴되지 않습니다. 항산화작용이 높은 비타민A나 C와 같이 섭취하는 것도 좋은 방법입니다.

3.7	4.2	4.9
호박	볶은 아몬드	장어구이
75g	10개=14g	1토막=100g

많이 함유한 식품 평균 1회 식사 함유량(g)

「우선 비타민E를 간단히 섭취하고 싶다!」라고 한다면 아몬드를 추천합니다. 가지고 다니면서 먹을 수 있으니 간식 대용으로 먹어도 좋습니다. 가능하면 소금간이 많이 되지 않은 오가닉 아몬드를 고릅시다. 올리브 오일도 좋습니다. 샐러드나 생선요리 등에 조금씩 뿌려 먹어 보세요. 이것도 가능하면 품질 좋은 엑스트라 버진 올리브 오일이 좋습니다.

건강 효과를 높이는 식품 조합

항산화력이 높은 비타민E는 조합에 따라 효과가 올라갑니다.
맛있고 몸에 좋은 조합을 소개해 드립니다.

항산화력 UP
토마토(리코핀) + 아보카도(비타민E)

동맥경화 예방
호두(비타민E) + 우유(단백질)

혈액 순환
참깨(비타민E) + 고등어(DHA)

피로 해소
땅콩(비타민E) + 본레스 햄(비타민B1)

안티에이징
장어(비타민E) + 적색 파프리카(비타민C)

비타민K

혈액 응고 및 튼튼한 뼈를 위해

「비타민K」는 '혈액'과 '뼈'에 필수 불가결한 비타민입니다. 피가 날 때 멈추게 하는 역할을 하므로 '지혈 비타민'이라고 불립니다. 혈액을 응고시키고, 지혈하기 위한 인자를 활성화합니다. 비타민K가 부족하게 되면 출혈이 잘 멈추지 않고, 쉽게 코피가 납니다.

또한, 뼈의 단백질을 활성화하여 뼈를 만드는 재료인 칼슘이 제대로 흡수되도록 도와줍니다. 부족하게 되면 애써 음식으로 흡수한 칼슘이 뼈에서 녹아 혈액으로 빠져나가게 됩니다. 충치나 골절이 되기 쉽고, 골다공증에 걸리기도 하니 조심해야 합니다.

대신 비타민K는 식품을 통해 섭취하는 것 외에 장내세균에

58

말린 톳
10g

비타민K
다시마·미역 구급세트를
가지고 다니는 간호사. 지
혈 처치가 특기.

140

두묘(완두순)
1/2봉지=50g

300

낫토
1팩=560g

352

모로헤이야
55g

많이 함유한 식품 평균 1회 식사 함유량(g)

의해서도 합성되므로 그리 걱정하지 않아도 됩니다. 하지만 비
타민K는 태반을 통해 태아에게 전달되기 어렵고, 또 모유 속에
함유량이 적습니다. 거기다 유아는 장내세균이 적기 때문에 비
타민K가 생성되기 어려워 신생아에게는 비타민K를 경구 투여
하기도 합니다.

음식으로 말하면 모로헤이야나 소송채, 시금치 등의 초록색
채소에 많이 들어 있습니다. 톳, 다시마, 미역 등과 같은 해조류
나 낫토 등의 발효식품, 고기나 생선 등에도 많습니다. 비타민A,
D, E와 마찬가지로 「지용성 비타민」이므로 유지와 함께 섭취하
는 것이 좋습니다. 장내세균에 의해 합성되므로 장내 환경을 정
돈해 놓는 것이 중요합니다. 식사를 통해 지나치게 많이 섭취할
일은 없지만, 영양제 등으로 과다 섭취하면 빈혈이나 혈압 저하
가 일어날 수 있으니 주의합시다.

비타민B군이란 무엇인가?

서로 도우면서 일한다

비타민A를 비타민A군, 비타민C를 비타민C군 이라고 부르지는 않습니다. 그런데 「비타민B군」이라고 하면 한 가지만을 지칭하는 것은 아니라는 느낌이죠? 빙고! 비타민B군은 「비타민B_1」, 「비타민B_2」, 「니아신」, 「비타민B_6」, 「비타민B_{12}」, 「판토텐산」, 「비오틴」, 「엽산」의 총 8종류의 비타민을 말합니다.

비타민B$_1$을 아버지, 비타민B$_2$를 어머니, 그리고 3남 3녀의 화목한 8인 가족을 생각하면 이해하기 쉽습니다.

이 가족은 사람이 살아가기 위해 없어서는 안 되는 에너지를 만드는 영양소지만, 혼자서는 효과를 발휘하기 힘듭니다. 하지만 가족 모두가 서로 도와 일하면 괜찮습니다. 그래서 이들 비타민B군은 함께 섭취하는 것이 좋습니다.

비타민B군 가족 구성원 각각의 성격을 이해하고, 싸움은 되도록 피하고, 사이좋게 서로 협력하면서 행복한 가족을 만들도록 해야 하지요.

비타민B₁

당질의 대사, 원기를 회복하는 역할을 한다

한 가정의 가장인 「비타민B₁」의 역할로는 피로를 해소하여 원기를 회복시켜 주는 것입니다. 우리 몸은 운동을 하면 젖산이라는 물질이 쌓여 피곤함이나 나른함을 느끼게 됩니다. 비타민B₁은 그 젖산을 분해하여 에너지로 바꾸는 것을 도와주고 있습니다. '피곤하다', '나른하다'라는 생각이 들 때는 비타민B₁이 부족한 경우가 많다고 합니다.

그리고 한 가지 더 중요한 역할은 당질의 대사입니다. 비타민B₁은 당질을 에너지로 바꾸기 위해서 상당이 바쁘게 일합니다. 당질을 제대로 에너지로 활용하지 않으면 지방으로 모습을 바꿔버리기 때문에 신경을 써야 합니다. 따라서 비타민B₁은 당질만 에너지원으로 쓰는 뇌에도 미치는 영향이 큽니다. 두뇌를 사

소란 씨 몸속에 지금 큰일이 났어요!

아~~ 오늘도 야근 때문에 늦는다니요!

비타민B₁

비타민B₂

맘껏 먹자 최고~♥

소란 씨가 점심에 디저트 뷔페에 갔다는 거야.

뚱뚜~웅 내가 오늘 밤에 소란 씨의 당질을 제거하지 않으면 큰일이 벌어진다고요!

뒤뚱

뒤뚱

뒤뚱

앗 이런

소란 씨가 이제 심야 헬스장에 가서 땀을 흘린다고 하니, 어떻게든 내가 야근하면서 도와줘야지~

비타민B₁
상냥하고 온화한 아빠. 없어지면 모두의 마음이 불안정해진다. 원기 회복을 도와준다.

용할 때는 당질이 필요할 뿐만 아니라 비타민B₁도 절대적으로 필요한 것입니다. 비타민B₁은 두뇌회전을 좋게 해주는 소중한 영양소입니다.

비타민B₁이 많이 함유된 음식 재료는 돼지고기입니다. 부위로는 등심이 제일 많고, 로스구이용 안심이 그다음 순입니다. 장어구이에도 많이 들어 있습니다. 에너지를 보충하고 싶을 때 자동으로 비타민B₁을 함유한 음식을 몸이 원하고 있을지 모릅니다. 한국인의 주식은 밥이지요? 그런데 대다수의 사람이 비타민B₁이 풍부한 쌀겨를 제거한 정제된 백미를 먹습니다. 정제된 백미는 너무 많이 씻지 않도록 해야 하며, 발아 현미 혹은 현미, 보리밥을 먹는 것을 추천합니다.

부족하게 되면 초조함, 나른함의 원인이 된다

비타민B₁은 당질의 대사에 관여하기 때문에 부족하게 되면 당질이 제대로 에너지로 만들어지지 않아 초조함을 느끼거나, 스트레스를 쉽게 받고, 식욕이 없어지며, 쉽게 피로해지기도 합니다.

또한 비타민B₁이 부족하면 각기병에 걸리기도 하는데 이는 심장의 기능이 떨어져 다리가 붓거나, 신경에 장애가 생겨 다리가 저리는 등의 증세가 나타나는 병입니다. 증상이 심해지면 죽

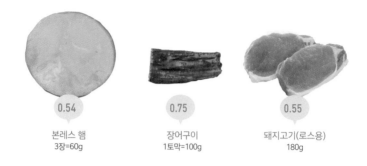

0.54	0.75	0.55
본레스 햄	장어구이	돼지고기(로스용)
3장=60g	1토막=100g	180g

음에도 이를 수 있는 무서운 병입니다. 주로 쌀을 주식으로 하는 사람들에게 생기는데 쌀을 도정하면서 비타민B_1이 제거되기 때문입니다. 현대에는 적다고는 하지만, 인스턴트 식품이나 외식의 증가로 비타민B_1 결핍에 의한 각기병이 보고되기도 합니다. 병으로 하나 더 말하자면 베르니케 뇌 병증을 유발할 수도 있습니다. 이는 안구 운동 마비, 보행 운동능력 상실, 의식장애를 동반하는 병입니다. 체내에 거의 저장되지 않으니, 과다 섭취로 인한 부작용에 대해 걱정하지 않아도 됩니다. 하지만 다른 비타민과 마찬가지로 영양제 등으로 대량섭취를 지속하면 두통, 초조, 가려움증 등 부작용이 나타날 수 있으니 주의해야 합니다.

1.06	0.21	0.24
돼지고기(등심)	명란젓	현미밥
80g	1/2개=30g	150g

많이 함유한 식품 평균 1회 식사 함유량(g)

단것·술을 좋아하면 적극적으로 섭취를

앞서, 비타민B$_1$은 당질을 에너지로 바꾸는 역할이 있다고 했습니다. 단, 과자, 당질을 포함한 청량음료, 백미 혹은 빵을 좋아하는 사람은 주의해야 합니다. 이런 식품을 많이 먹으면 비타민B$_1$의 필요량도 많아지므로 아무래도 부족해질 수밖에 없습니다. 당질을 에너지로 바꾸는 데만 거의 사용될 터이니, 피로 해소를 위한 분량은 부족할 수밖에 없습니다. 그러면 비타민B$_1$의 결핍 증상인 불안감이 생기고, 금방 다시 단것을 먹고 싶어지기 때문에 악순환이 됩니다.

또한, 비타민B$_1$은 알코올의 대사에도 필요한 영양소이므로 술을 좋아하는 사람도 적극적으로 섭취해야 합니다. 간의 활동을 활발하게 해줘 아세트알데하이드를 빠르게 배출하므로 숙취에도 좋습니다.

효율적으로 섭취하기 위해서는 비타민B_1은 물에 녹기 쉽고 알칼리에 의해 분해되는 성질을 가지고 있다는 걸 알아야 합니다. 조리, 가공 시에 찌고 데치는 경우 성분이 녹아 나오므로 국이나 수프로 만들거나 볶음요리를 하는 것이 좋습니다. 유지에는 비타민B_1의 소비를 절약시켜주는 역할이 있어 기름으로 요리하는 것을 추천합니다. 거기에 마늘과 함께 조리하면 비타민 B_1의 피로 해소 작용을 오래 지속할 수 있다고 합니다. 돼지고기를 마늘, 백김치 등과 함께 볶음 요리를 해보면 어떨까요?

비타민B$_2$

지방 대사를 촉진하는 다이어트의 아군

비타민B$_1$이 한 가정의 가장이라면 「비타민B$_2$」는 모두의 성장을
세심하게 돌보는 엄마입니다. '발육 비타민'이라고도 불릴 정도
로 온몸 세포의 재생과 성장을 촉진하는 역할을 합니다. 손톱이
나 머리카락이 자라는 것도, 아이가 어른으로 성장하는 것도 비
타민B$_2$ 덕분입니다.

그리고 비타민B$_2$에는 3대 영양소인 단백질, 지방, 당질의 대
사를 촉진해 에너지로 바꾸는 역할도 있습니다. 그중에서 지방
대사에 꼭 필요하다고 합니다. 살이 찌는 것을 막기 위해 중요
한 것은 지방이 몸에 쌓이지 않게 하는 것입니다. 비타민B$_2$는
그 지방을 연소시켜 줍니다. 거기다 비타민B$_2$는 호르몬을 생성
시키는 갑상선의 활성유지에도 관여하고 있어 부족하게 되면

비타민B2
기운 넘치고, 항상 든든한 엄마. 쿨한 성격으로 끈적한 혈액을 말끔하게 바꿔 준다. 다이어트 역시 맡겨도 좋다.

호르몬 균형이 무너져 신진대사가 망가지게 됩니다. 그러면 냉증이나 변비, 부종을 불러일으켜 살이 빠지지 않는 체질이 됩니다. 그래서 비타민B_2는 '다이어트의 강력한 아군'인 것입니다.

다이어트 효과뿐만 아니라 비타민B_2는 산소와 함께 일 하면서 동맥경화 등 과산화지질의 증가로 생기는 성인병 예방에도 효과가 있습니다. 이상지질혈증(고지혈증) 등을 일으키는 끈적끈적한 혈액을 깔끔하게 바꿔주는 것도 비타민B_2입니다. 또한, 당질의 대사뿐만 아니라 당질의 대사를 촉진하는 역할도 있어 당뇨병 개선이나 예방에 좋습니다.

피부미용에도 도움이 된다.

비타민B_2는 세포재생에도 관여하고 있어 피부나 점막의 건강 유지에 도움이 됩니다.

피부에 관한 단어로 '턴오버'라고 들어본 적이 있습니까? 간단히 말하면 피부가 다시 태어나는 것입니다. 예를 들면 무언가의 원인으로 피부에 상처가 나도 곧 딱지가 생기고, 얼마 있으면 그 딱지가 떨어져 나가며 원래의 피부로 돌아가죠? 턴오버의 주기는 몸의 어느 부위냐에 따라, 또 나이에 따라 다르지만, 이 주기를 가능한 정상적으로 유지하는 것이 모두가 부러워하

0.22	0.22	0.28	0.28
달걀	메추리알	저지방 우유	낫토
1개=50g	3개=30g	1컵=150㎖	1팩=50g

는 아름다운 피부로 이어지게 됩니다.

비타민B$_2$가 부족하게 되면 턴오버의 주기가 무너져 피부에 트러블이 생기가 쉬워집니다. 피부가 기름지면 여드름이나 뾰루지가 생기기 쉬워지고, 피부염이나 구내염, 피부 가려움증을 일으키기도 합니다. 구내염 외에도 입꼬리가 부어 갈라지는 구각염이나, 입술이 허는 구순염 등의 원인이 되기도 합니다. 입 주변에는 피부나 점막의 신진대사가 빠르므로 영향을 받기 쉽습니다.

비타민B$_2$는 체내에 저장되지 않으니 매일 꾸준하게 조금씩 섭취해야 합니다. 남은 것은 소변으로 배출되므로 많이 섭취해도 곤란한 일은 거의 없습니다.

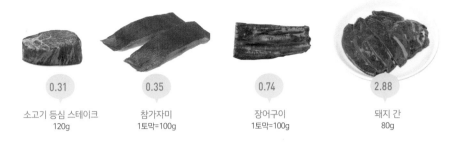

0.31	0.35	0.74	2.88
소고기 등심 스테이크 120g	참가자미 1토막=100g	장어구이 1토막=100g	돼지 간 80g

많이 함유한 식품 평균 1회 식사 함유량(g)

제대로 섭취하는 방법

튀김이나 돈가스 등 튀긴 음식을 좋아하는 사람이나 기름진 요리를 좋아하는 사람은 비타민B$_2$가 많이 필요하므로 부족해지지 않게 해야 합니다.

또 비타민B$_2$는 알코올과 함께 섭취하면 효과가 떨어집니다. 알코올에는 지방의 분해를 방해하는 역할이 있어서 평소보다 많은 비타민B$_2$를 소비하기 때문이라고 합니다. 술을 마실 때는 비타민B$_2$를 많이 함유한 식품을 안주로 선택합시다.

많이 함유한 음식은 간, 장어, 고등어 등의 동물 식품과 달걀, 버섯류 등입니다. 수용성 비타민으로 물에 녹기 쉬우니, 씻지 않고 바로 먹을 수 있는 우유, 치즈 그리고 아몬드 등의 견과류처럼 간편하게 먹을 수 있는 것을 추천합니다. 술안주로도 제격입니다. 요리할 때는 예를 들어 버섯 호일 구이처럼 수분을 보호하는 요리나, 국이나 수프 등으로 조리하여 국물까지 다 먹는 요리가 좋겠죠.

열에는 비교적 강해 일반적인 조리 방식으로는 소실될 걱정이 없다는 장점이 있습니다. 대신 빛에 닿으면 산화되어버리니 음식 재료를 보관할 때는 직사광선을 피해야 합니다.

니아신

술을 좋아하는 사람에게 좋은 비타민

이제부터 비타민B_1과 비타민B_2 부부의 여섯자녀가 등장합니다. 장남인 「니아신」은 B_3라고도 불리며 술을 좋아하는 사람에게는 꼭 필요한 것입니다. 왜냐면 술에 들어 있는 알코올을 분해하는 것이 일이기 때문입니다. 과음으로 인한 숙취의 괴로움을 줄여줍니다. 몸속에 니아신이 부족해지면 둘째인 비타민B_6를 불러 도움을 받습니다.

알코올 분해뿐만 아니라, 3대 영양소인 탄수화물(당질), 지방, 단백질을 에너지로 바꿀 때나 생선이나 육류에 함유된 단백질이 근육이나 피부 등의 세포로 만들어질 때 지원해주는 역할도 합니다.

니아신은 식품으로 섭취할 수 있을 뿐만 아니라, 체내 필수

돼지 간
80g

니아신
회식을 좋아하는 건강한
장남. 3대 영양소가 의지
하고 있다.

12.1
닭가슴살
(영계, 껍질제거)
1/2토막=100g

14.9
명란젓
1/2개=30g

19.0
가다랑어
5토막=100g

많이 함유한 **식품** 평균 1회 식사 함유량(g)

아미노산의 한 종류인 트립토판이라는 영양소로부터 만들어지기도 합니다. 결핍증은 거의 보이지 않지만, 단백질이나 비타민을 섭취하지 않는 술고래의 경우 펠라그라라는 피부염에 걸리기도 합니다. 위장의 점막도 영향을 받기 때문에 결핍되면 위장장애가 생기기도 합니다.

니아신은 수용성으로 열, 빛, 산, 알칼리 등에 비교적 강하고 조리나 보관 시에도 잘 파괴되지 않는 비타민입니다. 대신 열탕에는 너무 쉽게 녹는 것이 단점입니다. 끓이는 경우 국, 찌개 등 요리할 때는 국물까지 마시도록 합시다. 니아신을 많이 함유한 음식은 닭고기 등의 육류, 간이나 가다랑어, 명란, 방어 등입니다. 의외일지도 모르지만 커피나 홍차에도 많이 들어있습니다. 회식할 때는 니아신이 듬뿍 들어 있는 땅콩도 함께 먹는 것이 좋겠습니다.

비타민B6

고기를 좋아하는 사람에게는 없어선 안 된다

「비타민B6」는 단백질을 에너지로 바꾸거나 근육이나 혈액 등을 만들 때 지원하는 일을 하는 차남입니다. 몸속에서 단백질이 제대로 활용될 수 있도록 아미노산으로 분해하고, 다른 아미노산이나 신경전달물질 등을 합성하는 반응에 관여하고 있습니다. 약간 마마보이 같은 구석이 있어서, 일할 때 엄마=비타민B2가 없으면 힘차게 활동할 수 없다고 합니다.

튀김이나 햄버거 등을 좋아하는 사람, 단백질을 많이 섭취하는 사람이나 임신부는 부족해지지 않도록 신경 쓰도록 합시다.

비타민B6도 피부염 예방을 연구하다가 발견된 비타민이라고 합니다. 장내세균에 의해서 일부는 체내에서 합성되기도 하므로 결핍증이 생길 일은 별로 없습니다. 하지만 부족하게 되면

비타민B₆
약간 마마보이 스타
일의 차남. 단백질
을 지원할 때는 엄
마의 도움을 필요로
한다.

0.16	0.51	0.71	0.76	0.77
브로콜리	꽁치	소간	가다랑어	참다랑어 등살 회
1/4쪽=60g	1마리=100g	80g	5토막=100g	6토막=90g

많이 함유한 식품 평균 1회 식사 함유량(g)

피부가 거칠어지거나, 구내염 등의 피부 트러블을 많이 일으킵니다. 또한, 아미노산으로부터 뇌의 호르몬이 합성될 때도 비타민B_6가 필요하므로 부족하게 되면 초조해지거나 불면증의 원인이 되기도 합니다.

비타민B_6는 수용성 비타민으로 산에 강하고 자외선에 약한 성질을 가지고 있습니다. 육류, 간, 참치, 가다랑어 등의 어류, 곡물류 등에 많이 함유되어 있습니다. 주식인 쌀에도 비타민B_6가 풍부하여 우리는 자연스럽게 섭취하기 쉬운 환경이라고 할 수 있습니다.

비타민B12

빈혈 예방, 뇌 신경에 도움이 된다

그럼 다음은 「비타민B12」입니다. 직장 생활을 하는 셋째 아들입니다. 셋째 딸인 「엽산」과 협력하는 경우가 많습니다.

비타민B12는 '빨간 비타민'이라고 불리듯이 빨간색을 띠는 것이 특징입니다. 엽산과 함께 혈액의 세포인 적혈구를 합성하는 일을 합니다. 부족하게 되면 거대한 적혈구가 생기거나 수가 줄면서 악성 빈혈에 걸리기도 합니다. 적혈구는 온몸에 산소를 운반하기 때문에 산소가 없으면 에너지를 생성하는 효율이 낮아 집니다.

이 뿐만 아니라 비타민B12는 또 다른 중요한 일을 하고 있습니다. 그것은 뇌나 척추에서 전신을 제어하는 중추신경이나, 전신에 걸쳐있는 말초신경이 제대로 작용할 수 있도록 컨트롤하

13.6

대합
3개=48g

비타민B₁₂
장인 기질의 셋째 아들.
셋째 딸인 엽산의 도움을
받으며 혈액공장에서 일
한다.

13.7	21.0	42.2
모시조개 20개=20g	바지락 10개=40g	돼지 간 60g

많이 함유한 식품 평균 1회 식사 함유량(g)

는 것입니다. 그래서 부족하게 되면 잠이 잘 오지 않거나 어깨 결림, 허리통증, 저림이 생기거나 하는 신경장애 상태에 빠집니다. 치매 환자의 뇌에는 비타민B12가 적다는 보고도 있습니다.

비타민B12는 수용성 비타민의 하나로 알칼리나 강한 산성, 빛에 의해 분해되는 성질을 가지고 있습니다. 장내세균에 의해 만들어지므로 영양소가 골고루 들어 있는 균형 있는 식사를 하고 있다면 걱정하지 않아도 됩니다. 대신 채소에는 거의 없고 고기나 생선 등의 동물 식품에 많이 함유되어 있어 채식주의자 혹은 수술로 위나 장을 잘라낸 사람 등은 주의해야 합니다. 된장국이나 낫토 등의 발효식품도 추천합니다.

판토텐산

스트레스 해소·대사 UP으로 다이어트 충전

그럼 다음은 장녀인 「판토텐산」입니다. 「항스트레스 비타민」이라고도 알려져 있을 정도로 여러분의 스트레스를 완화해주고, 대사도 UP 시켜주는 치유계의 미녀입니다.

비타민B_5라는 다른 이름도 가지고 있는 판토텐산은 불안감을 해소해주고, 당질, 지방, 단백질을 에너지로 바꾸는 활동도 합니다. 지방이 체내에 축적되기 어려워지도록 할 뿐만 아니라 스트레스도 경감시켜주기 때문에 다이어트 중에는 많이 섭취해야 합니다.

또한 좋은 콜레스테롤을 합성하여 동맥경화 등의 질병을 방지하는 역할도 하고 있습니다. 게다가 비타민C와 힘을 합치면 탄력 있는 피부와 윤기 있는 머릿결도 만들어 줍니다.

판토텐산
마음 편하게 해주는 맏딸. 평상시는 얌전하지만, 대사에 관해서는 열정적이다.

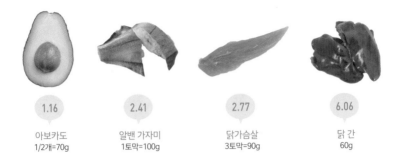

1.16	2.41	2.77	6.06
아보카도 1/2개=70g	알밴 가자미 1토막=100g	닭가슴살 3토막=90g	닭 간 60g

많이 함유한 식품 평균 1회 식사 함유량(g)

판토텐산의 「판토텐」은 그리스어로 「모든 곳으로부터」라는 뜻인데, 그 이름처럼 여러 가지 음식에 함유되어 있습니다. 특히 눈에 띄게 많이 들어 있는 것은 닭의 간, 알 품은 가자미, 낫토, 아보카도 등입니다. 장내세균에 의해 합성되기도 하므로 언제나처럼 균형 잡힌 식사를 하면 부족해지지 않습니다. 하지만 술이나 커피를 많이 마시는 사람은 필요량이 많아지므로 신경을 써야 합니다. 부족해지면 두통이나 피로, 팔과 다리의 감각이 이상해지는 경우도 있습니다.

수용성이고 열에 약하므로 생으로 먹을 수 있는 건 그대로 먹는 것이 효과적입니다.

비오틴

아름다운 피부를 만들어주고 아토피 치료에도 쓰인다

'아름다운 피부는 생명과 같다!'가 모토인 둘째 딸 「비오틴」. 최초의 이름은 「비타민H」. 독일에서 처음 발견되었으며, 피부를 뜻하는 독일어로 'haut'의 머리글자를 땄다고 합니다. 그 이름처럼 탄력 있는 피부, 매끄러운 머릿결을 만드는 역할을 합니다. 후에 비타민B$_7$=비오틴으로 개칭되어 이 이름으로 정착되어 불리게 되었습니다.

비오틴은 콜라겐 생성을 돕거나 두피의 혈액 순환을 촉진하는 등 여러 가지 역할을 합니다. 피부 혹은 점막이 건강하게 유지 되도록 하는 역할도 있습니다.

그리고 아토피성 피부염의 치료제로도 쓰입니다. 비오틴이 부족할 경우 손톱이 물러지고 피부에 생기가 없어지고 탈모나

10.8

잎새버섯
45g

비오틴
귀여움이 무기인 반짝반
짝계의 둘째딸. 3대 영양
소가 아이돌처럼 좋아함

23.9	63.7	139.4
참가자미	돼지 간	닭 간
1토막=100g	80g	60g

많이 함유한 식품 평균 1회 식사 함유량(g)

새치가 생기고 머릿결도 푸석해집니다. 이외에도 3대 영양소인 탄수화물(당질), 지방, 단백질이 에너지원으로 전환될 때 도움을 주는 역할도 있습니다. 전신에 영향을 미침으로 부족하게 되면 무기력함을 느끼게 됩니다.

비오틴은 열이나 산성에 강하지만 알칼리성에는 약합니다. 여러 식품 중에 조금씩 함유되어 있을 뿐만 아니라 장내세균에 의해 체내에서도 만들어지니 결핍에 대해 걱정하지 않아도 됩니다. 하지만 항생제를 오랫동안 복용한 사람은 장내세균이 손실되므로 주의해야 합니다.

엽산

기억력을 향상시키는 역할을 한다

8인 대가족의 마지막으로 소개할 셋째 딸,「엽산」입니다. 비타민M, 비타민B$_9$, 프테로일글루탐산(pteroylglutamic acid)이라고도 불립니다. 시금치나 브로콜리. 아스파라거스, 양배추, 모로헤이야… 등에 많은 엽산은 그 이름처럼 식물의 녹색 잎 부분에 많이 함유되어 있습니다. 그 외에는 닭이나 소의 간, 과일류, 낫토, 콩 등에도 들어 있습니다.

엽산의 역할은 비타민B$_{12}$와 힘을 모아 적혈구를 만드는 것입니다. 적혈구는 혈액을 구성하는 주성분으로 전신에 산소를 운반합니다. 그 외에 단백질이나 세포를 만들 때도 필요하고, 유전자 정보가 들어 있는 DNA를 만드는 것도 돕고 있습니다. 임신 중에 부족하게 되면 태아에게 이상이 생길 수 있으니 태아가

엽산
머리가 좋은 이공
계 셋째 딸. 기억력
이 좋고, 다른 사람
을 잘 보살피며 녹
색 옷만 입는다.

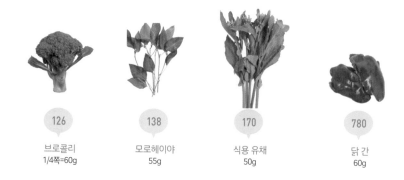

126	138	170	780
브로콜리	모로헤이야	식용 유채	닭 간
1/4쪽=60g	55g	50g	60g

많이 함유한 식품 평균 1회 식사 함유량(g)

건강히 성장할 수 있도록 임신 전부터 꾸준히 섭취할 것을 권합니다. 또한 엽산은 기억력 증진, 건망증 예방에도 도움이 됩니다. 요즘 자주 깜박깜박하는 사람은 엽산이 부족할지도 모릅니다.

엽산은 수용성 비타민으로 열에 약하다 보니 요리 과정에서 파괴되기 쉬워 신선한 채소 혹은 과일 등 생으로 먹을 수 있는 것은 생으로 먹는 것이 좋습니다. 장내세균에 의해서 체내에서도 어느 정도는 합성되므로 균형 잡힌 식사를 하고 있다면 결핍에 대해 걱정하지 않아도 됩니다. 단, 부족할 경우는 빈혈이 생기거나 온몸에 산소가 부족하게 되어 무기력감, 거친 피부, 구내염 등에 걸리기 쉽습니다. 특히 담배나 술을 좋아한다면 우리 몸속에서 엽산을 소비하는 양이 많으니 충분히 먹어야 합니다.

비타민C

안티에이징, 감기 예방에 특효

비타민이라고 하면 제일 먼저 「비타민C」가 떠오를 것입니다.
시판되는 음료에 「비타민C 포함」이라고 쓰여 있기도 합니다.
감귤류의 과일, 감자, 고구마, 적색 파프리카, 잎채소 등에 많이
들어 있으며, 일상에서 흔히 접할 수 있는 영양소입니다.

비타민C의 주요활동은 2가지입니다. 첫 번째는 '아름다운 피

콜라겐

동물의 결합조직을 구성하는 단백질로 신체 단백질 질량의 약
3분의 1을 차지합니다. 콜라겐에 많이 함유된 성분인 하이드록
시프롤린(hydroxyproline)의 합성에도 비타민C가 관여하고 있
습니다.

비타민C
「에스테틱C」에 근무하는
날씬한 여성. 더위에 약하
고, 물에 젖는 것을 싫어
한다.

부를 만들어 주는 비타민'입니다. 활성산소를 억제하는 활동뿐만 아니라 피부를 부드럽게 하는 콜라겐의 합성을 도와 피부의 주름, 기미 생성을 방지하고 상처, 화상도 빨리 낫게 해줍니다. 나이를 먹으면서 콜라겐이 부족하게 되면, 피부가 심하게 건조해져 가려움증이 생기기도 합니다. 뼈세포의 대부분은 콜라겐으로 이루어져 있습니다. 그래서 비타민C를 섭취하면 골다공증도 예방할 수 있습니다.

두 번째는 '감기에는 비타민C'라고도 하는 것처럼 면역력을 높이는 역할입니다. 감기 등 바이러스성 질병으로부터 몸을 지켜줍니다. 감기에 걸렸을 때도 비타민C를 꾸준히 섭취하면 쉽게 증세가 호전되고, 반대로 부족하게 되면 잘 낫지 않거나 악화할 수도 있습니다. 비타민C가 부족하면 모세혈관이 약해져 잇몸에서 피가 나거나 멍이 쉽게 들고, 금방 피로해지며, 관절통이 생기기도 합니다. 겨울에는 특히 제대로 섭취할 수 있도록 신경을 써야 합니다.

먹는 방법을 배워서 제대로 먹자

비타민C는 비타민B군과 마찬가지로 「수용성 비타민」이기 때문에, 물에 쉽게 녹습니다. 열이나 빛에 약하고 몸 안에서 만들어 낼 수 없어 음식을 통해 섭취해야 합니다.

생으로 먹거나 살짝 데치는 조리법이 좋습니다. 전반적으로 비타민C가 많이 들어 있는 음식은 채소입니다. 적극적으로 섭취하는 것이 좋지만 먹기 전에 공부가 필요합니다. 우선 물에 씻을 때는 재빨리 씻어야 합니다. 물에 오래 담가 놓으면 영양소가 녹아버릴 수 있기 때문입니다. 양파 혹은 뿌리 채소류 이외의 채소는 물과 열이 닿을 수 있는 단면이 많아지지 않도록 너무 잘게 썰지 말아야 합니다. 또한 비타민C는 산화되기 쉬워 신선할 때 먹는 것이 기본입니다. 자른 채로 보관하지 마세요. 시판되는 잘라놓은 채소가 편하지만, 가능하면 채소 그대로를 사서 빨리 먹어야 합니다. 볶음요리 할 때는 감자 전분을 넣으면 코팅의 효과가 있어서 영양소가 빠져나가지 않는다고 합니다. 끓일 때는 담백하게 해서 국물까지 다 먹는 것이 좋습니다.

비타민C라고 하면 아세로라, 레몬류의 과일이 주로 생각나지만, 잘라서 숟가락으로 떠먹는 키위, 씻기만 해도 되는 딸기를 비타민C를 편리하게 섭취할 수 있는 과일로 추천합니다.

47	63	72	102
감자 1개=135g	단감 1/2개=90g	브로콜리 1/4쪽=60g	적색 파프리카 1/2개=60g

많이 함유한 식품 평균 1회 식사 함유량(g)

비타민C는 소장의 윗부분에서 흡수되어 간으로 운반되고, 혈액을 타고 온몸의 장기로 흘러 들어갑니다. 남은 것은 바로 소변으로 배출되기 때문에 과다 섭취로 인한 걱정은 필요 없습니다. 가능하면 공복보다 식후에 어느 정도 포만감이 있는 상태에서 조금씩 나눠 먹는 것이 좋습니다. 콜라겐의 생성을 돕기 위해서라도 단백질과 같이 섭취하도록 합시다.

스트레스에는 비타민C를

미용과 감기 예방에 효과 좋은 비타민C. 이 외에도 추가적인 특성은 강한 항산화작용입니다. 그래서 '항산화 비타민'이라고 불립니다. 대표적인 것이 비타민A, E 그리고 C입니다. (상세한 내용

은 본 책의 비타민A와 비타민E 참고)

그중에서 비타민C는 도파민, 아드레날린 등의 신경전달 물질의 합성에도 관여하기 때문에 '항스트레스 비타민'이라고도 불립니다. 비타민C가 부족하게 되면 스트레스와 싸우는 힘이 저하되어 회복하기 힘들어집니다. 아침에 일어나기 힘들고, 쉽게 피곤해지고, 건망증이 생기고, 인내심도 없어지므로 주의해야 합니다.

항산화 비타민이란 무엇인가?

노화나 암으로부터 몸을 지킨다

회춘 비타민, 안티에이징 비타민이라고도 불리는 「비타민E」에서도 설명했지만 「항산화 비타민」은 '활성산소의 활동을 억제하는 항산화작용을 하는 비타민'을 가리키는 것입니다. 대표적인 것이 비타민A, E, C입니다. 하지만 항산화작용을 하는 영양소는 비타민 종류뿐만이 아니라 폴리페놀 종류나 미네랄 종류에도 있습니다.

대체 「항산화력」이란 무엇일까요? 반복되기는 얘기긴 하지만, 건강하게 젊게 살아가기 위해서 중요한 것이기 때문에 여기서 다시 한번 짚어 보도록 하겠습니다.

항산화력이란 활성산소를 억제하는 것으로 우선 활성산소에 대해 알아야 합니다. 활성산소란 산화시키는 힘이 강한 물질로 장기나 피부 등의 노화, 면역력 저하 등에 관여해 암이나 동맥경화 같은 성인병을 일으키는 원인이 됩니다.

그리고 활성산소를 발생시키는 원인이 되는 것이 스트레스, 장시간 자외선 노출, 과도한 운동, 지방 과다 섭취, 흡연, 과음, 무리한 다이어트 등으로 현대 사회에서는 셀 수 없을 정도로 원인이 넘쳐납니다.

인간은 체내에서 만들어지는 효소로 활성산소를 억제하고 있습니다. 하지만, 나이를 먹으면서 이 효소의 양은 감소하게 됩니다. 거기서 활약하는 항산화 비타민은 효소로 처리할 수 없는 활성산소의 기능을 억제하는 「항산화 물질」 중 하나입니다. 이 항산화 물질은 비타민 외에도 여러 가지가 있지만, 활성산소의 발생 그 자체를 막는 것, 활성산소의 산화력을 억제하는 것, 활성산소에 의해 입은 피해를 복구하는 것 등 필요에 따라 역할을 바꿔가며 열심히 활동하고 있습니다.

한국인 기대 수명은 여성이 87.7세 남성은 79.7세(2019년 통계청 장래인구추계 발표)입니다. 하지만 다리와 허리가 튼튼하고, 두뇌 회전도 잘돼서 일상에서 불편하지 않게 생활할 수 있는 「건강수명」이 진정한 의미에서 중요하기 때문에 기대 수명과 건강 수명의 격차를 줄일 수 있어야 할 것입니다. 따라서 즐거운 마

항산화력 UP의 음식궁합

예를 들면 호박에 들어 있는 비타민E는 소송채의 비타민C와 함께 섭취하면
항산화력이 높아집니다.

호박   +   소송채

음으로 하루하루를 보내며 건강하게 오래 살기 위해 조금이라
도 노화를 방지할 수 있도록 항산화력을 높일 필요가 있습니다.
불규칙한 생활과 폭음, 폭식을 피하고 균형 잡힌 식사를 한다면
몸도 마음도 가벼워질 것입니다.

비타민 에이스란?

함께 섭취해서 항산화력 UP

항산화력이 높은 비타민으로 많이 알려진 것은 지용성 비타민인 비타민A와 E이고 수용성 비타민인 비타민C입니다. 그렇습니다. 이 세 가지 비타민을 통칭하여 「비타민ACE=비타민 에이스」라고 부릅니다.

Check Point

녹황색 채소란?

녹황색 채소는 녹색 자연 색소 성분인 클로로필과 황색 자연 색소 성분인 케로티노이드가 풍부한 깻잎, 배추, 양배추, 토마토, 피망, 당근, 무청, 시금치, 부추 등의 채소를 말합니다. 녹황색 채소에는 비타민A가 베타카로틴으로 함유되어 있다가, 필요에 따라 비타민A로 변환됩니다.

이들은 소란 마을에서 미녀 삼총사로서도 유명하지요. 각각 노화 방지, 피부 미용 효과를 충분히 많이 가지고 있지만, 혼자보다 함께 사이좋게 지내면 상승효과가 높아집니다. 비타민C는 비타민E가 활성산소를 원활하게 제거할 수 있도록 도와주며 3가지를 함께 섭취하면 미용 효과가 배가 되거나 그 이상도 될 수도 있습니다.

비타민A를 특히 많이 함유한 음식은 시금치, 모로헤이야, 호박, 당근 등의 녹황색 채소와 동물 식품입니다. 비타민C는 채소, 감귤류에, 그리고 비타민E는 아보카도, 생선알, 견과류, 올리브 오일에 많이 함유되어 있습니다. 지용성, 수용성의 성질을 알고 제대로 흡수될 수 있도록 조리하여 함께 섭취해 보도록 합시다.

효소란 무엇인가

다이어트뿐만 아니라 세탁에도 도움이 된다?

효소 다이어트, 효소 세안, 효소 세제, 효소수 등 최근 자주 듣게 되는 말이지만 「효소」에 대해서 의외로 자세히 알지 못할 수 있습니다. 우리 몸속에는 약 2만 종류 이상의 효소가 존재 하고 있으며, 신체의 모든 화학 반응에서 촉매 역할을 하고 있습니다.

즉, 몸속에서 발생하는 생체 반응의 대부분을 담당하고 있다고 할 수 있습니다. 우리 몸은 영양소를 섭취하는 것만으로는

촉매란?

촉매란 그 자신은 변화하지 않지만, 다른 물질의 화학 반응에서 중간 역할이 되어 반응 속도를 빠르게 하거나 늦추는 물질입니다.

아무 효과가 없고, 효소가 작용함으로써 섭취한 영양소가 에너지로 바뀌게 되는 것입니다.

효소는 음식물을 분해하는 역할을 하는 「소화 효소」, 영양소를 이용하여 몸을 회복하고 재생을 도모하는 「대사 효소」가 있습니다. 소화효소와 대사효소 이 두 가지는 원래 체내에 존재하고 있지만, 음식으로 섭취할 수 있는 「음식 효소」도 있습니다.

효소의 크기는 종류에 따라 다르지만, 극히 작아 현미경으로도 보지 못할 정도입니다. 하지만 효소가 부족하면 모든 대사기능이 떨어져 혈액순환이 나빠지고 노화 현상부터 성인병, 암 등을 유발할 수 있습니다.

미네랄

3장

미네랄은 「광물」이라는 의미입니다.
치아나 뼈의 구성 성분이
되기도 하고
몸의 컨디션을 조절하는
활동도 합니다.
섭취량이 너무 적어도,
너무 많아도 문제가 생길 수 있으니
적당량을 섭취하도록
주의해야 합니다.

미네랄이란 무엇인가?

사람의 몸속에 금속이 필요한가?

지구상의 여러 원소 중 유기물의 주성분이 되는 산소, 탄소, 수소, 질소 이 4원소를 제외한 것을 「미네랄(무기질)」이라고 합니다. 3대 영양소, 비타민과 함께 5대 영양소에 듭니다. 미네랄은 직역하면 「광물」입니다. 액세서리 등에도 쓰이는 천연 생성 무기물질입니다. 하지만 영양소에서의 미네랄은 엄밀히 말하자면

Check Point

항상성이란?

환경 조건이 변해도 체온이나 체액의 pH를 일정하게 유지하는 것을 항상성이라고 합니다. 항상성이 높을수록 건강하다고 할 수 있습니다.

약간 다릅니다.

사람의 몸속에 존재하는 원소는 약 60종류로 알려졌지만 가장 많은 것이 산소 65%, 탄소 18%, 수소 10%, 질소 3%입니다. 이 4가지 원소가 96%를 차지하고 있습니다. 나머지 4%가 미네랄입니다. 그중에서 우리 몸에 부족하게 되면 안 되는 미네랄이 현재 16종류가 존재합니다. 그중에서 하루 필요량이 100mg 이상인 것을 「주요 미네랄」, 100mg 미만을 「미량 미네랄」이라고 부릅니다.

미네랄의 기능은 각각 다르지만, 칼슘, 인, 마그네슘 등은 뼈와 치아 등 단단한 조직(경조직)을 만듭니다. 또한 헤모글로빈의 철분, 인지질의 인, 함황아미노산의 유황은 단백질, 지방 등과 결합하여 체성분이 됩니다.

그 외에도 미네랄은 삼투압의 조절, 근육 수축이나 신경 전달, 효소의 보조 효소 혹은 생리활성물질의 성분으로서 대사 조절에 관여하고 있습니다. 체액이나 조직액 속의 미네랄은 항상 일정한 농도를 유지하고 있지만, 음식으로 섭취하는 미네랄의 과부족이 오래 지속되면 항상성이 떨어지고, 각 미네랄 특유의 결핍증이나 과잉증이 나타나게 됩니다.

칼슘

뼈와 치아를 만드는 미네랄

「칼슘」은 사람 몸속에서 가장 많은 양을 차지하는 미네랄로 체중의 1.5~2%를 차지한다고 알려져 있습니다. 예를 들면 체중 60kg인 사람에게는 약 900~1,200g의 칼슘이 존재한다고 볼 수 있습니다. 그리고 체내 칼슘의 99%는 뼈와 치아처럼 단단한 조직에 들어있습니다. 나머지 1%는 혈액, 근육, 신경에 존재합니다. 뼈와 치아의 구성 성분인 칼슘을 「저장 칼슘」, 혈액 등에 존재하는 칼슘을 「기능 칼슘」이라고 부릅니다.

칼슘은 뼈와 치아의 재료가 될 뿐만 아니라 심장이나 모든 근육의 정상적인 수축을 유지하는 역할을 합니다. 혈관 벽을 튼튼하게 하고, 혈압을 낮추고, 혈액을 응고시키며, 효소의 활성화에도 도움이 됩니다. 몸속 이곳저곳에 도움이 되는 미네랄이기 때

안녕하세요. 오늘은 어디로 모실까요?

여기요!

비타민D

넵! 알겠습니다!

혈관 거리를 지나서, 신경계에서 기다리시는 고객을 만나러 가야 합니다.

새~앵

짱 빨라!

요즘 신경계가 엉망인 녀석들이 많아요! 칼슘 씨 힘내세요♥

칼슘
건강한 치아에 미소가 멋진 비즈니스 맨. 비타민D, K는 칼슘이 신뢰하는 파트너이다.

문에 필요한 곳에 제때 공급될 수 있도록 혈액 속에 포함되어 온몸을 돌아다닙니다. 그래서 혈액 속에는 항상 일정량의 칼슘이 존재합니다. 만약 혈액 속 칼슘의 양이 부족해지면 뼈를 녹여 부족한 칼슘을 보충합니다. 그래서 뼈에 존재하는 칼슘이 저장 칼슘으로 불리는 것입니다. 이렇게 중요한 영양소인데 우리나라 사람에게는 부족한 경향이 있습니다.

최근 골다공증에 대한 지식이 알려져서인지 50대, 60대는 제대로 칼슘을 섭취하고 있다고 합니다. 오히려 외식이 잦고 식사가 불규칙한 20대가 칼슘이 부족해지기 쉬우니 신경을 써야 합니다.

비타민D, K와 함께 활동력 UP

칼슘을 많이 함유한 음식은 우유, 치즈와 같은 유제품과 마른멸치, 잔생선류(뱅어 등), 톳과 같은 해조류, 녹황색 채소 등입니다. 하지만 음식으로 흡수할 수 있는 칼슘의 양은 많지 않습니다. 식품을 통해 과다 섭취할 걱정은 없으니 매일 칼슘 반찬이 꼭 들어간 식사를 하도록 합시다.

칼슘과 궁합이 잘 맞는 영양소로서는 비타민D와 비타민K가 있습니다. 비타민D는 칼슘의 흡수를 돕고 혈중 칼슘 밸런스를

174

우유
1컵=150㎖

220

말린 정어리
2마리=50g

조절해 줍니다. 이 비타민D는 하루 약 15분 일광욕을 통해 피하에서도 만들 수 있으니, 튼튼한 뼈를 위해서라도 15분 정도 햇볕을 쬐도록 합시다. 비타민K는 칼슘이 뼈에 붙을 수 있도록 돕는 영양소로 칼슘이 뼈에서 녹아 빠져나가는 것을 억제하는 역할을 합니다.

이를 바탕으로 예를 들면 비타민D를 함유한 버섯과 칼슘이 풍부한 요구르트를 샐러드 풍으로 요리하거나, 비타민K가 풍부한 낫토와 칼슘 치즈를 섞어서 먹는 것도 좋습니다. 통째로 말린 정어리는 그 자체만으로도 비타민D와 칼슘이 함유되어 있습니다. 슈퍼 푸드로 알려진 알팔파도 칼슘이 많이 들어 있으니, 샐러드로 만들어 먹으면 좋습니다.

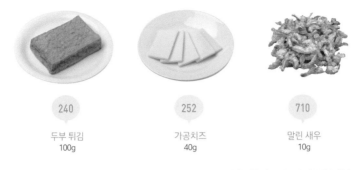

240	252	710
두부 튀김	가공치즈	말린 새우
100g	40g	10g

많이 함유한 식품 평균 1회 식사 함유량(g)

부족하면 성인병에 걸리기 쉽다

칼슘은 뼈와 치아에 깊게 관여하고 있어 부족하면 쉽게 충치가 생기는 것은 당연한 이치입니다. 거기에 혈중 칼슘의 양이 적어지면 뼈에 있는 칼슘으로 부족한 부분을 보충하므로 뼈가 약해져 부러지기 쉬워집니다. 심하면 아이의 경우 구루병, 성인은 골다공증이나 골경화증이 될 가능성이 있습니다.

거기다 칼슘 부족이 오래 지속되면 뼈에서 녹아 나오는 칼슘의 양이 늘어 칼슘이 혈관 벽에 붙게 됩니다. 그 현상이 고혈압이나 동맥경화 등 성인병을 유발하기도 합니다.

칼슘이 뼈와 치아를 튼튼하게 하는 활동만 하는 것은 아닙니다. 특히 일상생활에서 신경을 안정시키고, 초조함을 해소하는 효과도 큽니다. 흥분이나 긴장을 완화해주는 칼슘이 부족하게 되면 신경과민이 생기기도 합니다.

그렇다고 과다 섭취하는 것은 좋지 않습니다. 음식을 통해 과다 섭취할 우려는 없지만, 영양제로 과다 섭취하게 되면 혈중 칼슘 농도가 지나치게 높아져 생기는 고칼슘혈증을 일으키게 됩니다. 칼슘 영양제 과잉 섭취 후 변비, 복통, 빈뇨 등의 증상이 생기면 전문의와의 상담을 권합니다. 칼슘을 영양제로 섭취할 경우는 칼슘과 마그네슘의 비율이 2대 1 정도인 것을 고르도록 합시다.

마그네슘

칼슘과의 밸런스가 중요하다

우리 몸속에서 「마그네슘」의 약 3분의 2는 칼슘, 인과 함께 뼈의 구성 성분으로 저장되어 있습니다. 성인을 기준으로 따지면 체내 약 19g 정도입니다. 나머지 3분의 1은 근육 등의 세포에서 활동하는 약 300여 종의 효소를 지원합니다. 그리고 에너지를 만들거나 근육을 움직이거나 체온조절, 신경 전달, 호르몬 분비 등의 활동과도 연관되어 있습니다.

부족해지면 뼈에 저장되어있던 마그네슘이 빠져나와 혈액으로 녹아 흐르게 됩니다. 하지만 마그네슘은 칼슘과 다르게 뼈에서 빠져나오는 메커니즘이 약하고, 저장된 양도 원체 적다 보니 쉽게 결핍될 수 있습니다.

우리 몸 곳곳에서 중요한 역할을 하는 마그네슘이 결핍되면,

62

시금치
90g

마그네슘
주식회사 본에서 근무하는 섬세하고 성실한 회사원, 스트레스에 약해 금방 쓰러지기도 한다.

64	73	130
말린 톳 10g	금눈돔 1토막=100g	두부 100g

많이 함유한 식품 평균 1회 식사 함유량(g)

근육에 문제가 발생해 근육통이나 경련이 생기고, 심근경색 등의 심장병에 걸리기도 합니다. 또한 쉽게 피로해지고, 집중력 저하, 만성피로, 순환기계 질환 등의 문제가 생기기도 합니다. 스트레스나 폭음, 커피는 마그네슘의 체외 배출량을 늘리기 때문에 조심해야 합니다.

그리고 한 번 더 강조하지만, 칼슘과 마그네슘의 최상의 밸런스는 「2대 1」이 이상적입니다. 둘 중 하나만 일방적으로 섭취하지 말고 양쪽을 균형 있게 섭취해야 합니다.

철분

적혈구를 만드는 미네랄

주변에 있는 「철」이라고 하면 못, 무쇠 솥, 철탑, 철문, 철길 등이 생각납니다. 몸 안에서도 철이 사용된다고 하면 신기하다는 생각이 들 것입니다. 성인은 약 4.2g의 철분을 몸속에 지니고 있습니다.

철분은 혈액 세포인 적혈구를 지원하는 미네랄입니다. 적혈구 내에 있는 혈색소를 헤모글로빈이라고 하는데, 혈액이 빨간색인 이유도 이 헤모글로빈 때문입니다. 철분은 헤모글로빈의 가장 중요한 구성 요소입니다. 우리 몸속에 있는 철분의 65%는 헤모글로빈과 결합하고, 폐에서 거둬들인 산소를 전신에 있는 세포로 전달하는 역할을 합니다. 산소는 몸 안에서 에너지를 만들기 위해 꼭 필요한 요소이기 때문에 철분이 없으면 아주 곤

철분
「빨강 고양이 택배」에서 일하는 빨강 고양이. 매일 산소 배송을 담당하고 있다.

2.2

정어리(말린 것)
2마리=50g

2.2

소송채
80g

2.6

두부 튀김
100g

란해집니다. 이렇게 산소를 전달하는 역할을 하는 철분을 「기능 철분」이라고 부릅니다.

그리고 나머지 약 30%는 「저장 철분」으로 간, 골수, 비장에 저장되어 있다가 출혈로 철분이 소실되었을 때, 혈액으로 방출되어 기능 철분으로 활동하게 됩니다.

그 외 소량의 철분은 근육의 성분과 결합하여 산소의 운반 및 저장 기능을 하거나 대사 반응에 관여하기도 합니다.

철분이 부족하면 산소가 온몸에 전달되지 않게 되어 얼굴이 창백해지거나, 철분결핍성 빈혈을 일으키고, 현기증, 기립성 어지럼증, 심장 두근거림, 집중력 저하, 졸음, 기억력 감소, 체온조절 기능의 장애, 면역력 및 감염 저항력 저하 등 신체의 각종 기능에 지장을 초래하니 조심해야 합니다.

2.7	2.9	10.4	19.3
렌틸콩(말린 것) 50g	소등심살 100g	돼지 간 80g	자숙 바지락 살 65g

많이 함유한 식품 평균 1회 식사 함유량(g)

철분결핍성 빈혈과 빈혈

종종 '철분 부족=빈혈'이라고 생각하지만, 빈혈의 원인은 여러 종류가 있습니다. 철분결핍성 빈혈은 이름처럼 철분이 부족한 것이 원인으로 생기는 빈혈입니다. 어린이나 청소년은 키와 몸무게의 성장을 위해, 임신부는 태아와 태반을 형성하기 위해, 수유기의 영아는 신체 발달을 위해 철분의 요구량이 증가하기 때문입니다. 게다가 철분이 부족한 식생활을 하는 경우도 포함됩니다.

그리고, 체내에서 혈액의 양이 적어져서 생기는 빈혈이 있습니다. 월경 과다 등으로 출혈이 많아지거나 내부 장기의 질병으로 출혈이 많아졌을 때 생기기 쉽습니다.

적혈구의 수명은 약 120일로 수명이 다된 적혈구는 비장에서 파괴되지만, 그 파괴된 적혈구의 철은 다시 적혈구의 합성을 위해 재사용됩니다. 이렇게 몸 안에 있는 철은 거의 몸 밖으로 배출되지 않는다고 합니다. 재활용처럼 철분도 친환경 영양소라고 할 수 있겠지요.

대신 몸 안의 철분의 양이 적으면 당연히 저장 철분도 부족하게 됩니다. 저장 철분이 적은 유아와 아동, 월경·임신·출산 등으로 철분이 소실되는 여성은 가만히 있어도 빈혈이 생기기 쉬우니 적극적으로 섭취해야 합니다!

철분은 두 종류가 있고, 흡수력은 다르다?

철분을 많이 함유한 식품은 간입니다. 철분은 동물의 간이나 적색육, 조개류, 작은 생선 등에 많이 들어있습니다. 채소로는 콩, 시금치, 소송채 등입니다. 식품에 함유된 철분은 「헴철분」, 「비헴철분」으로 나뉩니다. 그 둘의 가장 큰 차이점은 흡수력으로 헴철분이 비헴철분보다 약 5배 정도 높습니다. 헴철분은 동물 식품, 특히 적색육에 주로 함유되어 있습니다. 단, 간에는 레티놀이 많기 때문에 임신 중에는 과잉 섭취하지 않도록 주의해야 합니다. 비헴철분은 식물 식품이나 유제품, 달걀에 많이 함유되어 있습니다. 자체 흡수력은 낮지만 비타민C와 함께 섭취하면 흡수력이 높아집니다.

비헴철분을 먹을 때 육류나 생선을 함께 섭취하면, 비헴철분의 흡수를 촉진하는 효과를 볼 수 있지만, 안타깝게도 유제품과 달걀로는 그 효과를 기대하기가 어렵습니다.

예로부터 톳은 '철분의 여왕'으로 알려져 왔는데, 이는 무쇠솥을 사용하여 톳을 끓이고 찌던 옛날 조리 방식일 때의 얘기고, 현재는 스테인리스 조리도구를 사용하기 때문에 여왕이라고 칭하기가 무색해졌습니다. 왜냐하면 스테인리스 냄비로 조리한 톳의 철분 함유량은 무쇠솥으로 조리한 것에 비해 약 9분의 1밖에 되지 않기 때문입니다. 그래도 톳이 균형 잡힌 영양 식품이라는 사실은 변함없으니, 톳을 사용한 요리를 챙겨 먹도록 합시다. 그리고 철분을 영양제로 과잉 섭취하게 되면, 활성산소가 발생하므로, 음식을 통해 섭취하는 것을 권합니다.

나트륨과 염소

가장 가까운 미네랄

「나트륨과 염소」는 우리와 가장 친근한 미네랄입니다. 삶은 달걀을 찍어 먹은 소금이 있습니다. 그렇습니다. 다양한 요리에 빠지지 않는 것이 소금입니다. 소금은 거의 대부분이 「나트륨」과 「염소」가 되어 빠르게 몸속으로 흡수됩니다. 즉 사람은 소금을

나트륨과 염소
물 호스를 가지고 다니는 작업부. 너무 많아지면 마을이 침수되어 대혼란이 일어난다.

보통의 식생활에서 과잉 섭취하는 경향이 있습니다. 나트륨의 과다 섭취는 고혈압 등 성인병의 원인이 될 뿐만 아니라 위암의 발생 위험도 커집니다.

750

정어리(말린 것)
2마리=50g

870

우메보시(저염)
1개=10g

먹음으로써 나트륨과 염소를 섭취하게 되는 것입니다. 그래서 소금을 「염화나트륨」이라고 부릅니다.

땀이나 눈물은 조금 짭조름합니다. 몸에 염분이 함유되어 있기 때문이지요. 성인의 몸속에는 약 100g의 나트륨이 포함되어 있습니다.

체내에 흡수된 소금의 98%는 소변으로 배출되는데, 지속적으로 염분을 과잉 섭취하면 부종이나 혈압상승을 초래해 성인병이 발생하는 원인이 됩니다. 그것은 나트륨과 염소가 체내의 수분을 조절하는 역할을 하고 있기 때문입니다. 나트륨과 염소는 세포와 세포 사이에 있는 세포간액이나 체내에 흐르는 혈액의 양을 컨트롤합니다. '염분을 너무 많이 섭취하면 안 된다' 등의 이야기 때문에, 안 좋은 취급을 받고 있지만, 인체에 꼭 필요한 미네랄입니다.

적당한 '간'이 요리를 맛있게 한다

나트륨과 염소를 섭취할 수 있는 소금. 인류가 소금을 이용하기 시작한 것은 기원전 6000년경으로 추정되는데, 유목 생활을 하던 원시시대에는 우유나 고기 속에 들어 있는 소금 성분을 자연스럽게 섭취할 수 있었습니다. 하지만 점차 농경사회로 바뀌고, 곡류나 채소 위주의 식생활을 하게 되면서 소금을 따로 섭취할 필요가 생겼습니다. 우리나라는 오래전부터 짠맛을 지닌 반찬을 선호하는 식습관을 형성하여 왔습니다. 또한 국토의 삼면이 바다에 접해 있어 어렵지 않게 소금을 생산할 수 있기 때문에 식품을 저장하기 위한 염장식품들이 많이 발달하였습니다. 특히 우리나라의 조미료 중에 가장 중요한 된장과 간장도 소금이 주요한 역할을 합니다.

또 소금은 간을 내는 것뿐만이 아니라 재료의 감칠맛이나 단맛, 수분을 빼거나 부패방지, 산화 방지 등 요리에 도움이 되는 역할도 있습니다. 삶거나 무치거나 생선구이의 밑간 등 요리의 밑 작업에도 자주 사용되며 실로 여러 가지로 소금에 신세를 지고 있습니다. '요리를 잘한다는 것은 소금을 잘 쓴다는 것이다'라고 할 정도로 소금을 미묘하게 가감하는 차이로 요리의 수준이 달라질 수 있습니다. 소금간이 너무 강해도 약해도 안 되고, 적당한 '간'을 맞추면 요리가 맛있어질 뿐만 아니라 신체 상태가 좋아지고, 건강한 몸을 유지할 수 있습니다.

나트륨은 고혈압의 적?

나트륨은 수분 조절뿐만 아니라 pH 조절도 합니다. 인체의 pH란 체내의 수분이 알칼리성인지 산성인지를 알려주는 기준입니다. 인체의 기본은 약알칼리성으로 산성 쪽으로 기울면 생명 활동의 균형이 깨집니다. 나트륨은 이를 세심하게 조절하는 역할도 담당하고 있습니다.

그런데 염분을 지나치게 많이 섭취하면 어떻게 될까요? 혈액 등 체액의 농도가 짙어지고, 농도의 균형을 맞추기 위해 몸은 수분을 원하게 됩니다. 라면을 먹은 후 물을 찾게 되는 것처럼 말입니다. 그러면 체액의 양이 늘어나서 혈압이 오르게 되고, 체액을 소변으로 배출하는 기능을 가진 신장에도 부담이 가중되게 됩니다. **결과적으로 부종, 고혈압, 신장병, 심장병을 일으키게 되는 것입니다.** 특히 고혈압인 사람은 염장, 소금을 사용한 발효식품, 강한 맛의 음식, 외식을 되도록 피해야 합니다. 염분을 줄이고 식초나 레몬즙의 산미로 맛을 내는 것이 좋습니다.

반대로 염분이 부족할 때의 신체 증상은 격한 운동 후 많은 양의 땀을 흘렸을 때를 생각해 보면 됩니다. 탈수 증상(각종 헛구역질, 두통 등), 식욕부진, 현기증이 일어날 수 있습니다.

따라서, 적정한 양의 소금과 **다양한 재료를 고르게 먹는 것이 중요합니다.**

칼륨

염분을 너무 많이 섭취했다면 칼륨을

소란 씨뿐만 아니라 부종으로 고민하는 분들이 많을 겁니다. 원인은 여러 가지겠지만 염분이나 수분을 너무 많이 섭취해 부었다면 칼륨이 도움이 될 것입니다.

칼륨에는 체내의 남은 수분을 배출하는 역할이 있습니다. 수분을 증가시키는 나트륨과 반대의 성질을 가지고 있다고 생각하면 됩니다. 인간의 세포에는 세포 속으로 들어온 나트륨을 방출하고, 칼륨은 흡수함으로써 균형을 잡는 기능이 있습니다.

이런 작용을 「나트륨 펌프 · 칼륨 펌프」라고 하는데, 체내 수분의 양을 일정하게 유지하고, 그에 따른 혈압을 조절하는 일을 합니다. 그 외에도 신경전달이나 근육의 수축, 호르몬 생성, 삼투압 조정 등 여러 가지 일과 관련되어 있고, 이 모든 일이 인체

저염식단을 하고 있는데도 홍수가 난 것처럼 수분이 많아졌네. 원래대로 돌아갈 수 없을까.

아~

부었네

첨벙 첨벙

괜찮으십니까

구조대다!!

첨벙 첨벙 첨벙

칼륨
나트륨 때문에 불어 난 물을 스펀지와 양동이로 배수하는 구조대.

번쩍

저희가 왔으니 이제 안심하세요!. 고구마라도 드시면서 기다리세요.

뜨끈 뜨끈

칼륨

이렇게 해서 낫는다면 매일 먹어버릴 거야~

냠냠

쓱싹 쓱싹

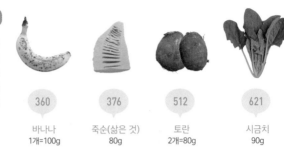

지나치게 섭취하면…

신장기능 장애가 있다면, 칼륨의 섭취로 인해 고칼륨혈증을 일으킬 위험이 있으니 칼륨 섭취를 제한할 필요가 있습니다.

360	376	512	621
바나나 1개=100g	죽순(삶은 것) 80g	토란 2개=80g	시금치 90g

많이 함유한 식품 평균 1회 식사 함유량(g)

의 생명 활동을 위해 제법 중요한 기능입니다.

칼륨과 나트륨은 서로 상호조절기능이 있기 때문에 균형 있게 섭취하는 것이 중요합니다. 하지만 현대인은 식생활에서 나트륨을 많이 섭취하는 경향이 있으니, 칼륨을 의식적으로 섭취할 것을 권하고 싶습니다. 건강한 사람은 과다 섭취해도 소변으로 배출되기 때문에 과다 섭취에 대해 걱정하지 않아도 됩니다.

뿌리 작물, 채소, 과일에 많이 들어 있는데, 조리할 경우 국물에 녹아내리기 쉬우니 국물까지 먹을 수 있는 요리를 추천합니다. 물론 생으로 먹어도 좋습니다. 염분이 높아지기 쉬운 된장국 등은 칼륨이 많이 함유된 채소를 듬뿍 넣어 균형을 맞추면 좋습니다.

인

칼슘과의 균형이 중요

「인」은 뼈와 치아의 재료가 되며, 강하고 튼튼한 몸을 만들기 위해 열심히 일하고 있습니다. 성인 몸속에는 약 780g 정도가 들어있고, 그중 약 85%는 뼈와 치아의 구성 성분으로 칼슘과 함께 존재하고 있습니다. 몸속 인의 양은 소변으로의 배출로 그 균형을 유지하고 있습니다. 신장이 제대로 활동을 하지 않는 상태에서는 인의 배출이 원활하게 되지 않아 고인혈증을 일으키게 됩니다. 그 외에도 에너지를 만드는 데 관여하고, 세포막에서 활동하거나 뇌나 신경이 제대로 활동할 수 있도록 백업하기도 합니다.

인을 많이 함유한 음식은 고기, 생선, 콩 등 단백질 종류입니다. 몸에 잘 흡수되는 비율은 인과 칼슘이 1대 1이라고 합니다.

264

소간
80g

인
개구쟁이 아이. 칼슘 1명
당, 인 1명만 같이 놀 수
있다.

285

정어리(말린 것)
2마리=50g

490

금눈돔
1토막=100g

550

마른오징어(가공품)
50g

많이 함유한 식품 평균 1회 식사 함유량(g)

여러 음식에 함유되어 있어 부족할 경우는 별로 없지만, 혹여 부족하게 되면 혈액 속의 양이 적어져 신경계에 장애가 생길 가능성도 있습니다.

그보다 걱정인 것은 과잉 섭취입니다. 인은 인스턴트 식품이나 청량음료에 사용되기 때문에 쉽게 과다 섭취하게 됩니다. 그러면 칼슘이나 철분의 흡수가 잘 안 되어 골다공증이 생기거나 신장병이 생기기도 합니다. 인과 칼슘을 균형 있게 같은 양을 섭취해야 하지만, 부지불식간에 인을 너무 많이 섭취하는 경향이 있으니 철분의 흡수가 필요한 빈혈 환자, 뼈 성장이 중요한 10대, 골량이 부족하기 쉬운 고령자는 특히 주의해야 합니다.

아연

'맛'을 느끼기 위한 미네랄

철분과 마찬가지로 '몸속에 이런 물질도 있구나'라는 생각이 들게 하는 「아연」. 95% 이상은 세포 내에 있으며, 100여 종의 아연 함유 효소로 활동하고 있다고 합니다. 성인 몸 안에 약 2.3g 정도가 들어있습니다. 새로운 세포를 만드는 데 필요한 효소 성분으로 신진대사를 활성화하고, 에너지를 만들거나, 바이러스로부터 몸을 지켜주는 역할을 합니다. 또한, 아연은 혀 표면의 미뢰세포를 만드는 역할도 합니다. 미뢰란 「척추동물의 미각수용기관. 혀 윗면에 있으며 지각세포와 지지세포로 이루어진 꽃봉오리 모양의 미세한 기관」입니다. 사람에게는 약 1만 개 정도가 있으며, 단맛, 신맛, 쓴맛, 짠맛을 구분할 수 있는 각각의 미뢰가 있습니다. 이 세포는 약 2주간의 사이클로 소멸과 생성을

아연
꽃중년의 바텐더.
예민한 미각의 소유
자로 맛집을 많이
알고 있다.

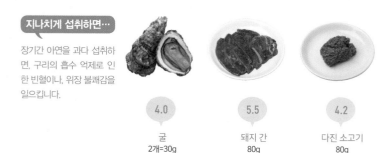

지나치게 섭취하면…

장기간 아연을 과다 섭취하
면, 구리의 흡수 억제로 인
한 빈혈이나, 위장 불쾌감을
일으킵니다.

4.0
굴
2개=30g

5.5
돼지 간
80g

4.2
다진 소고기
80g

많이 함유한 식품 평균 1회 식사 함유량(g)

반복한다고 하니 상당히 놀랍습니다. 아연이 부족하게 되면 미
각 이상, 식욕 부진, 성장 장애, 피부염 등을 일으킵니다. 좋아하
는 음식을 먹고 「맛있다~!」라고 느낄 수 없는 것만큼 슬픈 일은
없습니다. 맛을 구분하기 어려워지면 강렬하고 자극적인 것을
찾게 되니 몸에도 좋지 않겠지요.

　또한, 남성호르몬이나 여성호르몬이 활발하게 만들어지도록
하는 것도 아연의 역할입니다. 부족하게 되면 탈모, 거친 피부,
그리고 건망증이 심해집니다. 비타민A와 함께 먹으면 효과가
높아진다는 것도 기억해 둡시다.

유황

단백질에서 섭취할 수 있다

유황이라면 유황온천이 떠오르고, 가고 싶다는 생각이 들지요? 「유황」은 몸을 구성하는데 꼭 필요한 미네랄 중 하나입니다. 대부분은 단백질 식품을 통해 섭취할 수 있습니다. 유황은 체내에서 단독으로 존재하는 것이 아니라 메티오닌이나 시스테인 등 함황아미노산의 성분으로 흡수됩니다. 함황아미노산은 손톱,

Check Point

성인 여드름에는 역효과!?

유황에는 피지를 억제하는 효과가 있어 사춘기의 여드름에는 효과가 있지만, 성인 여드름에는 역효과가 날 수도 있습니다. 피부가 건조해지고, 오히려 피지를 더 분비 시켜 모공을 막는 원인이 되기도 합니다.

유황
여러 곳에 존재하지만, 너무 작아서 보이지 않는다. 독특한 냄새를 발산한다.

머리카락, 피부, 연골의 재료가 되고, 부족하게 되면 손톱이 물러지거나 머리가 빠지며, 피부염과 기미가 생기고, 관절이 약해지는 등의 증상이 생깁니다. 유황은 비타민B$_1$이나 판토텐산과 결합하여 보조 효소가 되고, 당질이나 지방의 대사에도 도움을 줍니다.

또한, 유황에는 해독작용이 있어 유해한 미네랄의 축적을 막아주기 때문에 여드름이나 무좀 등에도 효과가 있습니다. 식품으로 과잉 섭취하는 경우는 거의 없지만, 영양제로 다량 섭취하면 동맥경화, 구토, 어지럼증, 백혈구 증가 등이 생길 수 있으니 조심해야 합니다.

유황이 많이 들어 있는 식품은 달걀이나 육류, 어패류 등의 동물 단백질입니다. 우유, 소맥(밀) 등에도 들어있습니다. 단백질을 늘 먹고 있으면 필요량을 섭취하고 있는 것이기 때문에 「한국인 식사섭취 기준」에 유황 항목은 따로 없습니다. 육류를 먹을 때에는 시금치, 브로콜리, 양파 등의 채소류와 같이 먹으면 효과가 더 좋습니다.

구리

철분의 활동을 돕는다

「구리」라고 하면 10원짜리 동전이 떠오르시죠? 실제로 100% 구리는 아니고, 알루미늄을 섞어서 만듭니다.

우리 몸에는 약 75㎎ 정도의 구리가 들어있습니다. 10원짜리 동전의 무게가 1.22g인 것에 비교하면 아주 적은 양이라는 것을 알 수 있을 것입니다. 섭취한 구리의 대부분은 소장에서 흡수되고, 간에 저장됩니다. 그리고 간에서 세룰로플라스민(ceruloplasmin)이라는 단백질과 결합하여 혈액을 통해 각 조직으로 이동합니다. 대부분은 담즙과 함께 소장에 분비되고 변에 섞여 배출됩니다.

구리의 주요활동은 철분이 적혈구에 있는 헤모글로빈에 합성되도록 돕는 역할입니다. 구리가 단백질과 결합하면 단백질

구리
혈액공장에서 일하는 작업자. 혈액을 만드는 것을 도와주고 있다.

1.03	1.33	2.08	4.24
불똥 꼴뚜기	주꾸미	갯가재	소 간
3마리=30g	1마리=45g	2마리=60g	80g

많이 함유한 식품 평균 1회 식사 함유량(g)

은 몸 이곳저곳으로 철분을 옮길 수 있게 되는 것이지요. 또한 구리는 성인병의 원인인 활성산소를 억제하는 항산화 효소의 보조효소로서도 활동합니다.

구리가 많이 들어 있는 음식은 소, 돼지, 닭 등의 간이나 어패류 등이며, 식물 식품에는 거의 없습니다. 과잉 섭취를 많이 한다고 해도 대부분 배출되므로 과잉 섭취로 인한 이상증세를 걱정할 필요는 없습니다. 미량 미네랄이기 때문에 일반적으로 균형적인 식사를 하면 결핍증이 발생할 경우는 매우 드물지만, 부족하게 되면 온몸으로 산소를 운반하는 양이 적어져 철결핍성 빈혈과 현기증이 발생할 수 있습니다. 또한 구리가 혈관과 뼈를 유연하게 만드는 역할도 하므로, 부족해지면 동맥경화나 골다공증이 생길 수도 있습니다. 여성이나 빈혈증세가 있는 사람은 특히 주의해야 합니다.

요오드

아름다운 머릿결을 만들어 준다

「갑상선」은 목의 하부에 있으며 갑상선 호르몬을 분비하는 기관입니다. 「요오드」는 갑상선 호르몬의 재료로, 성인의 몸 안에는 약 13mg 정도 함유되어 있으며, 대부분은 갑상선에 존재합니다. 음식물에 들어 있는 요오드는 흡수력이 높아서 섭취량의 대부분이 체내에 흡수되어 갑상선으로 운반되고, 그 대부분이 다시 소변으로 배출됩니다.

요오드가 재료가 되는 갑상선 호르몬은 전신 세포의 신진대사를 촉진하고 있습니다. 윤기 있는 머릿결, 성장기 어린이의 발육, 기초 대사, 체온 조절, 뇌·심장·신장 기능의 활성화 등을 지원합니다.

하지만 매일 많은 양의 다시마를 먹는 등, 요오드를 과잉 섭

해조류가
머릿결에
좋죠?

다시마 팩?

브릿지하고
염색이 과했나.
머릿결이
푸석푸석
해졌어~

우적
우적

해초 샐러드

44

열빙어
3마리=60g

소란 씨,
해조류 안에 있는
「요오드」는
분명 머릿결에
좋긴 한데~

요오드양이다~

아,

요오드 →

다시마

찰랑~

하지만 요오드를
너무 많이 먹으면
갑상선 기능이 떨어져
목이 부어오르거나
염증이 생길
위험도 있어요!

아놔~

그러면
위험
하다고요!

이 정도면
괜찮지
않을까요~

꾸역 꾸역

우적 우적

대형 다시마

요오드
검고 찰랑찰랑한 긴 머리
의 멋진 언니

255	280	4500	3000
미역(잘게 자른) 1큰술=3g	대구 1토막=80g	톳(말린 것) 10g	다시마 5㎝ 조각 1개

많이 함유한 식품 평균 1회 식사 함유량(g)

취하게 되면, 갑상선에 문제가 생길 위험이 있습니다. 갑상선기능저하증이나 갑상선종이 생길 수도 있습니다.

반드시 요오드의 과잉 섭취가 질병의 원인이라고 단정할 수는 없지만, 갑상선 부종이 신경 쓰인다면 전문의의 진료를 받아보시길 바랍니다.

요오드는 바닷물에 많이 존재하기 때문에, 해산물이나 어패류 등에 많이 함유되어 있습니다. 머릿결에 좋다고 알려진 다시마나 미역에도 많이 포함되어 있습니다.

셀레늄

독소로부터 몸을 지키고, 젊음을 유지해 준다

「셀레늄」은 조금 생소하긴 하지만, 세포의 노화를 예방하는 훌륭한 역할을 하는 미네랄입니다. 노화의 원인이 되는 과산화효소를 제거하고 글루타치온 퍼옥시다제(peroxidase)라는 효소의 구성성분이 됩니다. 성인 몸속에 약 13mg 정도 포함되어 있는데, 소장 상부에서 흡수되어 소변 배출로 조절됩니다.

주름과 새치가 늘어나거나, 혈관이 약해져 병에 걸렸을 때, 글루타치온 퍼옥시다제가 활성산소를 제거하고, 노화가 진행되지 않도록 막아줍니다.

또한, 셀레늄은 황, 비소, 카드뮴, 수은 등의 독소를 억제하여 건강과 젊음을 지켜주는 효력을 가지고 있습니다. 최근에는 면역기능의 강화와 감염 및 암 예방 효과가 기대되는 미네랄로도

셀레늄
정의감 넘치는 소녀. 몸속에 있는 독소와 싸우지만, 자신도 소모되어 버린다.

63	99	110
스파게티 건면 1접시=100g	참다랑어 등살 회 6토막=90g	참가자미 1토막=100g

많이 함유한 식품 평균 1회 식사 함유량(g)

주목받고 있습니다.

셀레늄은 식품이 재배되는 토양 속에 적당량 함유되어 있어 곡류와 채소, 육류, 어패류가 골고루 들어간 식단으로 일상적인 식사를 하면 결핍될 걱정은 없습니다. 식품 속에서 단백질과 결합하여 있고 대구알, 가다랑어, 참다랑어, 대게 등 어패류나 돼지 간, 달걀, 렌틸콩 등에 풍부하게 들어있습니다. 노화 방지의 힘을 가지고 있는 비타민C나 비타민E 등의 영양소와 함께 섭취하면 항산화작용의 효과도 배가 됩니다.

음식물로 많은 양을 먹을 일은 없으며, 과다 섭취하면 탈모와 손톱 변형, 면역기능 저하가 발생할 수 있으니 영양제로 섭취하는 것은 주의해야 합니다.

망간

애정 미네랄로 불린다

「망간」은 간, 췌장, 신장, 머리카락 등 신체 조직이나 장기에 넓게 분포되어있고 특히 뼈에 많이 들어 있는 미네랄입니다. 성인의 몸속에 약 12mg 함유되어 있습니다. 발육기에 뼈 성장을 도와주고 단백질이나 DNA의 합성에 관여하는 효소의 보조 효소로서, 성장이나 생식기능을 돕기 때문에 「애정 미네랄」이라고도 불립니다. 3대 영양소를 에너지로 바꿔주는 활동이나 몸의 여러 대사를 지원합니다.

망간은 셀레늄과 마찬가지로 토양에 포함된 미네랄입니다. 푸른잎 채소, 곡류와 견과류 등의 식물 식품에 풍부하게 함유되어 있습니다. 식품으로 섭취한 망간은 위액의 염산에 녹아 소장 윗부분부터 흡수되지만, 흡수율이 높지는 않습니다. 하지만 어

망간
잔소리 많은 아주머니. 보육교사를 하고 있고 장내 운동회에서는 응원단장을 맡고 있다

1.30	1.47	1.56	1.64
냉동 두부	아마란스	현미	생밤
30g	2큰술=24g	150g	5개=50g

많이 함유한 식품 평균 1회 식사 함유량(g)

차피 필요량이 적어서 부족할 염려는 없습니다. 흡수된 망간은 간으로 이동해 여러 효소의 보조 효소로 활동하고, 대부분은 담즙이나 췌액을 통해 장으로 배출됩니다.

만일 결핍될 경우에는 성장장애나 골격의 발육부진, 생식기능 장애, 이상지질혈증(저지질혈증), 혈액응고 단백질 이상, 당질 및 지질대사 장애 등이 생기게 됩니다. 반대로 과다 섭취할 경우 신경 장애 증상이 나타날 수도 있으니 비건(Vegan) 채식주의자는 주의가 필요합니다.

최근 슈퍼푸드로 잘 알려진 퀴노아와 마찬가지로 아마란스라는 알이 작은 곡물류에도 많이 함유되어 있어 밥이나 빵으로 만들어 먹어도 좋습니다.

몰리브덴

푸린체의 분해를 돕는다

「몰리브덴」은 익숙치 않은 이름이지만, 성인 몸속에 약 9.3g가량 들어 있는 미네랄입니다. 특히 간이나 신장에 많이 들어있습니다. 주요 기능은 몸의 쓰레기 처리를 도와주고 있습니다. 쓰레기는 낡은 세포나 에너지가 타면서 나오는 찌꺼기 등입니다. 간에서 그것들을 요산으로 바꾸고, 신장을 통해 소변으로 배출하고 있습니다. 몰리브덴은 이 최종 노폐물인 요산을 만드는 데 깊게 관여하고 있습니다. 그 외에도 지방이나 당질의 대사를 촉진해 에너지를 만드는 것을 돕거나 철분의 흡수를 도와 빈혈을 막아 줍니다.

몰리브덴은 흡수되기 쉬운 미네랄이므로 정상적인 식생활을 하고 있으면 결핍되거나 과잉되는 경우가 거의 없어 걱정하지

몰리브덴

쓱싹

MO

푸린체를 결정으로 만들어 소변으로 흘려보내는 거야

꿀꺽

우르르

간 꼬치에 맥주라… 푸린체가 듬뿍이네요

몰리브덴
요산을 만드는 작업자. 수레에 별모양의 「요산 결정」을 싣고 다닌다

하하하

아재스럽네요~

이 「요산 결정」이 발가락 관절에 생기면 요상한 일이 생겨.

꺄악~

바람만 불어도 아파~~~ 이거 통풍인가?

아야

웃고 있을 때가 아니라고…

않아도 됩니다. 몰리브덴은 낫토나 유부 같은 콩 가공품, 견과류, 소나 돼지의 간 외에도 어류, 우유 등 단백질 식품 전반에서 섭취할 수 있습니다.

「푸린체」라는 말을 들어보신 적 있으신가요? 몰리브덴은 푸린체를 요산으로 분해해서 체외로 배출하는 것을 돕는 역할을 하고 있습니다. 푸린체라고 하면 이름은 왠지 맛있어 보이죠? 맥주나 발포주에 들어 있는 푸린체는 맥아에서 나오는 것으로 식품의 감칠맛을 내는 성분입니다. 하지만 푸린체를 많이 함유한 간이나 어란, 건어물류를 좋아하는 사람, 매일 술을 마시는 사람은 요산을 대사하는 기능이 낮아져 고요산혈증을 일으킬 수 있고, 바람만 불어도 엄청나게 아프다는 통풍이 생길 수 있으니 주의해야 합니다.

크롬

혈당과 콜레스테롤 수치를 정상으로 유지해 준다

아주 적은 양의 미네랄인 「크롬」은 체내에 흡수된 뒤, 혈액 속에 있는 트랜스페린이라는 당단백질과 결합하여 간, 신장, 비장, 뼈로 운반되어 모입니다. 성인 몸속에는 약 1.8mg 정도가 들어있습니다. 다들 「인슐린」이라는 말을 들어본 적 있으시죠? 혈당치를 내리는 힘을 가진 호르몬의 일종입니다. 혈당치는 혈액 중에 들어 있는 포도당의 농도를 말합니다. 인간에게 있어 중요한 에너지가 되는 당질이지만 너무 많이 섭취하면 살이 찌거나 당뇨병에 걸리기도 합니다. 당뇨병 환자 중에는 인슐린이 필요한 만큼 분비되지 않거나, 분비되는 속도가 늦는 것이 원인인 경우도 있습니다. 크롬은 당질이 너무 많아져 혈당치가 올라갔을 때 필요한 인슐린의 힘을 강하게 하기 위해 필사적으로 활동하고 있

3

말린 톳
10g

크롬
정장차림의 수수한 사나
이. 비타민C를 너무 좋아
해 늘 좋은 모습을 보여
주고 싶어 열심히 일한다.

4	7	7	12
삶은 메밀 면 1공기=200g	말린 다시마 채 20g	감자 1개=135g	밀크 초콜릿 50g

많이 함유한 식품 평균 1회 식사 함유량(g)

습니다. 혈액에 콜레스테롤 등의 지질이 늘어났을 때도 그 양을 줄이기 위해 열심히 노력하고 있습니다. 즉 크롬이 부족하게 되면 당질과 지질의 대사가 잘 안 되기 때문에 당뇨병, 이상지질혈증(고지혈증), 동맥경화 등의 병이 걸리기 쉬워집니다. 크롬은 소맥(밀) 배아 등의 곡물류, 해조류, 어패류에 많이 함유되어 있습니다. 비타민C와 함께 섭취하면 흡수력이 높아집니다!

코발트

장내에서 비타민B12로 변신

코발트? 코발트블루? 아름다운 파란색?

아닙니다. 여기서 「코발트」는 1935년경에 비타민B12의 구성 성분 중에서 발견된 미네랄을 말합니다. 자석의 원료가 될 뿐만 아니라 충치 치료에 쓰이는 합금 등에도 사용되는 금속 물질이기도 합니다.

성인 몸속에 약 1.5mg가량 들어 있는 미네랄로서의 코발트는 골수의 조혈작용을 도와 적혈구를 만드는 데 기여하고 있습니다. 이는 코발트가 장내세균에 의해 비타민B12로 변신하는 성질을 가졌기 때문입니다. 비타민B12라고 하면 비타민B군 가문의 셋째 아들로 별명이 「빨간 비타민」입니다. 셋째 딸인 엽산과 협력하여 적혈구에 들어 있는 헤모글로빈을 생성하는 일을 합

코발트
파란색 머리의 청년, 장내세균에 의해 비타민B12로 변신하면 머리색이 빨갛게 바뀐다.

니다. 따라서, 코발트도 조혈 기능에 관여하고 있다는 말이 됩니다. 그 외에도 신경의 기능을 정상적으로 유지하는 역할도 한다고 합니다.

특히 적색육, 신장, 간과 치즈 등의 유제품, 굴, 대합조개, 바지락 등 주로 동물 식품에 많이 함유되어 있습니다. 예외로 낫토나 콩나물 등은 식물 식품임에도 코발트가 많이 함유되어있습니다. 비타민B12를 많이 함유한 식품에 코발트도 많이 들어있다고 생각해도 됩니다. 과다 섭취하면 불면증, 피로감이 생기고, 부족하면 집중력과 면역력이 저하될 수 있습니다. 악성 빈혈 환자, 채식주의자, 고령자, 위 수술을 받은 사람은 부족해지지 않도록 신경을 써야 합니다.

물의 역할

여러 가지 역할을 하는 물

우리가 일상에서 수분을 전혀 섭취하지 않는 날은 없습니다. 「물」은 영양소의 분류에 들어가지 않지만 생명을 유지하는데 필수불가결한 것입니다. 나이 성별에 따라 차이가 있겠지만 태아는 체중의 83~85%, 아이는 70~75%, 성인은 60~65%가 수분입니다.

용해력이 뛰어나고 산소나 이산화탄소 등 많은 물질을 녹일 수도 있으며, 표면장력, 비열, 기화열, 열전도율이 다른 액체에 비해 큰 성질이 있습니다. 그 결과, 쉽게 증발하거나 얼지 않으며, 열을 잘 전달하는 특징을 가지고 있습니다.

우리의 몸속에서 물의 기능은 체내에 섭취한 영양분이나 산소를 녹여 조직으로 운반하고, 효소 반응의 용매 역할을 하며, 체온 조절과 체액의 삼투압을 유지하는 것 등입니다.

운동을 하거나 고열이 나거나 땀을 흘리면 수분을 찾게 되죠? 건강한 상태에서는 섭취하는 수분과 배출하는 수분량의 균형이 유지되고 있습니다. 음료나 과일, 채소 등에도 쌀이나 빵, 육류 등의 음식물에도 수분은 포함되어 있습니다. 한 번에 많이 마시는 것보다 상온의 물을 조금씩 나눠 마시는 것이 좋습니다.

기능성 성분과
그 외 식품 성분

4장

지금까지 소개한 것은 인체에
없어서는 안 되는 영양소였습니다.
앞으로 소개할 기능성 성분은
섭취하지 않아도
문제가 되는 건 아니지만,
건강에 도움이 되는 여러 가지 역할로
주목받고 있습니다.

기능성 성분이란?

필수는 아니지만, 건강을 지원한다

지금까지 제법 영양에 관해서 공부해 보았는데 많은 도움이 되었습니까? 반복해서 얘기하지만 살아가는데 필요한 영양소에는 「단백질」, 「지방」, 「탄수화물(당질)」의 3대 영양소에 「비타민」, 「미네랄」을 포함한 5대 영양소가 있습니다. 하지만 이들 필수

건강기능식품

우리나라에서는 2004년 2월부터 건강기능식품에 대한 법률이 시행되고 있으며, 건강기능식품을 인체에 유용한 기능성을 가진 원료나 성분을 사용하여 정제, 캡슐, 분말, 과립, 액상, 환 등의 형태로 제조/가공한 식품으로 정의하고, 일반식품과 구별하여 심사/허가하고 있습니다.

(출처: 한국과학기술연구원 ReSEAT 분석리포트, 2004)

영양소 외에 절대적으로 필요한 것은 아니지만, 건강 유지 혹은 각종 질병 예방을 위해서 중요한 영양성분은 많이 존재합니다. 그것들을 「기능성 성분 (3차기능)」이라고 부릅니다. 조금 더 자세히 설명하자면 「면역계, 내분비계, 신경계, 순환계, 소화기계 등의 기능을 조절하고, 컨디션을 유지해 주며 질병을 예방하는 효과를 인정받은 식품 성분」이 기능성 성분입니다.

기능성 성분으로서는 제6의 영양소라고도 불리는 식이섬유, 폴리페놀, 유산균, 키토산, 콘드로이틴 등 실로 많은 종류가 있습니다. 그리고 제7의 영양소로 불리는 「피토케미컬(Phyto-chemical)」이라는 영양 성분이 있습니다. 이것도 기능성 성분으로 식물에서 자연적으로 만들어진 화학 물질이 식물 고유의 색소, 향, 맛 등의 성분으로 들어 있는 것을 말합니다. 그 종류는 수천 종류이고 직접 생명 활동의 에너지가 되는 건 아니지만, 항산화작용을 하는 것도 많아 다양한 기능성이 주목받고 있습니다. 이들은 일상적으로 섭취하는 식품 대부분에 들어 있으니, 하루에 채소 300g 이상, 과일 200g을 목표로 여러 가지 식물 식품을 균형 있게 섭취합시다.

폴리페놀

항산화작용 +α의 역할

「폴리페놀」은 의외로 익숙한 단어이지요? 레드와인에 함유되어 있어 화제가 되었습니다. 기능성 성분 중 한 가지로 여러 식물에 존재하는 색소나 쓴맛, 떫은맛의 성분이 되는 화합물의 총칭입니다. 무려 500종류 이상이 존재한다고 합니다. 폴

폴리페놀
활성산소로부터 몸을 지키기 위해 일한다. 일할 수 있는 시간이 짧아서 2~3시간 후면 떠나버린다.

리페놀은 색소 성분인 플라보노이드 계통과 색소 이외의 성분인 페놀산 계통으로 나뉩니다. 모두 활성산소를 제거하는 항산화작용이 있기 때문에 젊음을 유지하는 데에는 좋은 성분입니다.

그 외에도 멸균, 눈 기능 개선, 알레르기 억제, 혈액 순환 촉진, 간 기능 개선 등 각각의 종류별로 독특한 기능을 하고 있습니다.

물에 잘 녹고 흡수가 쉬워서 섭취 30분쯤 후부터 몸속에서 항산화작용을 하기 시작합니다. 대신 많이 섭취해도 체내에는 거의 저장 되지 않고 배출됩니다. 즉각적인 효과는 있지만 그 효과가 지속되는 기간은 2~3시간 정도입니다. 조금씩이라도 좋으니 식사 때마다 섭취하는 것이 중요합니다.

색의 폴리페놀

폴리페놀은 식물의 광합성에 의해 만들어지는 성분으로 대부분 식물의 잎이나 줄기 등에 함유되어 있습니다. 색소 성분인 플라보노이드 계통은 페놀산 계통보다 훨씬 종류가 많고 그 수는 수천 종류가 있다고 확인되었습니다. 각각 다른 기능이 있지만, 공통으로 강력한 항산화작용을 하고 있는 것이 특징입니다. 모세혈관의 삼투압 능력을 향상시키고, 혈압을 안정적으로 유지해 주고, 고혈압을 억제하는 등 몸에 좋은 효과를 많이 기대할 수 있습니다.

예를 들면 적~청색의 색소 성분인 안토시아닌은 블루베리나 포도에 많이 함유되어 있고 시각 기능을 높여줘 눈에 좋습니다. 무색~담황색의 색소 성분인 이소플라본은 콩의 배아 부분에 많이 함유되어 있고, 여성호르몬의 하나인 에스트로겐과 비슷한 활동을 한다고 알려져 있습니다. 갱년기 장애나 골다공증의 예방에 좋아 여성에게는 특히 필요한 성분입니다.

채소나 과일은 녹색, 빨간색, 노란색, 담황색, 보라색… 등 색상이 또렷한 것이 많아 식탁 상차림도 화려해질 겁니다. 매일 예쁜 색상의 채소를 먹는다면 자연스럽게 폴리페놀을 섭취할 수 있습니다.

폴리페놀의 종류

색

나스닌

가지의 껍질에 들어 있는 안토시아닌 계통의 보라색 색소입니다. 강한 항산화력을 가지고 있고, 눈의 피로 완화와 동맥경화 예방 등에 도움이 됩니다.

케르세틴

양파, 시금치, 브로콜리 등에 들어 있으며 담황색의 색소 성분입니다. LDL 콜레스테롤의 산화 방지, 심장병 예방 등의 효과가 있습니다.

테아플라빈

홍차의 발효 과정에서 만들어지는 주황색의 성분입니다. 항균, 항바이러스, 고혈압 억제 등의 작용을 합니다.

루틴(플라보노이드)

감귤류나 메밀에 함유된 담황색의 성분입니다. 모세혈관 강화작용이 있고 심장, 동맥경화, 고혈압을 예방합니다.

쿠르쿠민

강황이나 머스터드에 들어 있는 노란색의 색소 성분입니다. 간 기능을 강화하고 간염이나 간 질환에 효과가 있습니다.

제니스테인, 다이제인

무색~담황색의 색소 성분으로 여성호르몬인 에스트로겐과 비슷한 작용을 합니다. 모두 이소플라본의 한 종류로 콩이나 콩 제품에 풍부하게 들어있습니다.

안토시아닌

푸룬(말린 자두), 블루베리, 감 등에 함유된 적~청색의 색소 성분입니다. 혈액 순환 개선, 시력 회복 등에 효과가 있습니다.

맛의 폴리페놀

피곤할 때 잠깐 쉬면서 마시는 차 한잔은 영양학적으로도, 피로 해소를 위해서도 필요한 일입니다. 왜냐하면 차, 커피 특유의 쓴맛이나 떫은맛이 바로 폴리페놀이기 때문입니다. 녹차를 탔을 때의 담황색은 카테킨이 가진 색으로 찻잔이나 찻주전자에 끼는 차 얼룩의 원인이기도 합니다. 홍차는 찻잎을 발효시킨 차이며, 카테킨이 서로 결합하여 생긴 분자량이 큰 타닌이 들어있어 강력한 항산화작용을 합니다. 커피의 쓴맛 성분인 클로로겐산은 위산의 분비를 촉진하고, 코코아에는 카카오 매스 폴리페놀이 포함되었다고 화제가 되기도 했습니다. 티타임을 가진 후 다시 기운 내서 해보자는 기분이 드는 것은 폴리페놀 덕분입니다.

감귤류의 쓴맛 성분은 모세혈관을 강화하여 혈중 지방(주로 콜레스테롤이나 중성지방)과 혈액 순환을 개선하고, 항알레르기 등의 효과가 있습니다. 폴리페놀은 채소나 과일 껍질에 많이 함유되어 있습니다. 예로부터 과일은 껍질과 알맹이 사이에 영양이 담겨 있다고들 하는데 틀린 말은 아닙니다. 껍질째 먹을 수 있는 과일은 잘 씻어 껍질째 먹는 것이 좋습니다. 쓴맛, 떫은맛, 아린맛 성분인 콩 사포닌, 인삼 사포닌도 있습니다.

'좋은 약은 입에 쓰다' 고 하지요. 떫고 쓴맛이 있어도 몸에는 좋은 효과가 있다는 것입니다. 그렇다고 레드와인의 과음은 안 됩니다. 무엇이든 적당함이 필요합니다.

폴리페놀의 종류　맛

헤스페리딘, 나린제닌

자몽 같은 감귤류의 껍질에 많이 함유된 쓴맛 성분입니다. 모세혈관을 강화하여 혈액순환을 개선하고, 암 발생을 억제하는 등의 기능이 있습니다. 나린제닌은 오렌지나 토마토 등에도 들어있습니다.

카카오 매스 폴리페놀

초콜릿이나 코코아의 원료인 카카오 콩에 들어있습니다. 헬리코박터 파일로리균이나 병원성 대장균의 증식 억제, 충치 예방, 스트레스 해소에 효과가 있습니다.

카테킨

차에 가장 많고 엽차, 홍차, 우롱차 등에 들어있습니다. 차의 떫은맛 성분으로 혈압상승 억제, 항암, 살균, 항알레르기 기능 등이 있습니다.

클로로겐산, 카페산

커피 특유의 향과 색소 성분입니다. 커피를 볶을 때 나오는 클로로겐산이 카페산으로 분해됩니다. 간암, 간경화 예방 등에 좋습니다.

쇼가올

생강의 매운맛 성분인 진저롤을 가열하면 쇼가올로 변합니다. 진통 작용, 항균, 혈액 순환 촉진 기능이 있습니다.

콩 사포닌

콩이나 콩 제품에 들어 있는 쓴맛이나 떫은맛 성분입니다. 강한 항산화작용이 있어 간 기능 개선, 면역력 향상 등의 기능을 합니다.

그 외 사포닌

인삼 외에도 아스파라거스, 시금치, 우롱차 등에 들어있습니다. 면역력을 높이고 암을 예방하는 효과가 있습니다.

카로티노이드

선명한 색상이 특징

「카로티노이드」는 천연의 동식물에 널리 존재하는 노란색, 주황색, 빨간색 등의 색소 성분입니다. 물에 녹기 어렵지만 기름에는 쉽게 녹는 성질을 가지고 있고, 크게 나누면 카로텐류와 크산토필류 2가지 종류가 있습니다. 카로티노이드는 몰라도 리코펜과 카로틴은 들어본 적이 있을 겁니다. 이들도 카로티노이드의 한

Check Point

비타민A로 바뀌지 않는 카로티노이드

천연 카로티노이드 중에서는 베타카로틴, 알파카로틴, 베타크립토잔틴 등 약 50여종만이 비타민A의 생물학적 활성을 가지며 리코펜(lycopene), 루테인(lutein), 제아잔틴(zeaxanthin)과 같은 카로티노이드는 비타민A로 전환하지 않는다.

(출처: 제9개정판 국가표준식품성분표 II)

카로티노이드
노란색, 주황색, 빨간색 등 선명한 색상이 특징이다. 필요에 따라 비타민A로 변신하기도 한다.

종류입니다.

카로티노이드는 자연계에 700종류 이상이 있다고 합니다. 거기다 각각이 몸에 좋은 기능이 가지고 있습니다. 사람이나 동물은 카로티노이드를 체내에서 생성할 수 없기 때문에 여러 색상의 채소나 과일을 먹을 필요가 있는 것입니다.

식물에 함유된 카로티노이드로는 당근, 호박, 시금치 등 녹황색 채소의 β-카로틴이나 α-카로틴, 토마토나 수박 등에 함유된 리코펜, 적색 파프리카에 들어 있는 캡산틴 등이 있습니다. 그 외에도 미역이나 톳, 다시마 등의 해조류에 들어 있는 적갈색의 색소는 후코키산틴이라고 하는데, 지방의 연소를 촉진한다고 알려져 있습니다.

동물 식품에 들어 있는 카르티노이드는 연어, 새우, 게 등에 들어 있는 아스타크산틴입니다. 그래서 다들 붉은색을 띠고 있습니다. 노른자에 함유된 노란 색소는 루테인입니다. 눈에 생기는 질병인 황반변성이나 백내장을 예방합니다.

활성산소를 없애준다

선명한 색이 특징인 카로티노이드. 종류가 많고 각각의 기능이 있지만 공통으로 가진 기능은 항산화작용입니다. 항산화작용에 대해서는 이미 몇 번 이야기 했으니 기억하고 게시죠? 「생명 유지 활동의 과정에서 산소의 일부가 산화력이 강한 활성산소로 변화 → 활성산소가 몸을 구성하는 지방 혹은 단백질을 상처 입힌다 → 동맥경화, 암의 발생 원인이 된다!」라는 사이클입니다.

우리 몸은 이 활성산소를 제거하는 기능을 가지고 있습니다. 하지만 나이를 먹음에 따라 그 기능이 저하되기 때문에 이를 보완하기 위한 항산화제로서 여러 식품으로부터 섭취할 수 있는 카로티노이드가 비타민C, 비타민E, 폴리페놀 등과 함께 주목받는 이유입니다.

또한 필요에 따라 체내에서 비타민A로 변환되는 것을 「프로 비타민A」라고 하는데 카로티노이드는 α-카로틴, β-카로틴, γ-카로틴, β-크립토크산틴이 그에 해당합니다.

카로티노이드는 지용성이므로 기름과 함께 섭취하면 흡수율이 높아집니다. 토마토 주스나 가스파초에는 올리브 오일을 추가하면 좋습니다. 거기다, 여러 종류의 카로티노이드를 함께 섭취하면 항산화력이 높아지므로 여러 가지 조합을 생각하면서 먹으면 좋습니다.

카로티노이드 종류

β(베타)-카로틴

프로비타민A 중에서 비타민A로의 변환율이 가장 높고, 식품 중에 가장 많이 함유되어 있습니다. 주로 당근, 호박, 소송채, 시금치 등의 녹황색 채소에 포함되어 있습니다.

아스타키산틴

연어, 새우, 게 등의 어패류나 해조류에 들어 있는 붉은색 색소로 강력한 항산화작용을 합니다.

루테인

노란색 색소로 옥수수, 달걀 노른자, 콩류 등에 들어있습니다. 눈 망막의 황반에서 자외선을 흡수하고, 백내장이나 황반변성을 예방합니다.

α(알파)-카로틴

β-카로틴보다 높은 항산화작용이 있는 프로비타민A입니다. 당근, 호박 등 빨간색이나 노란색 채소에 많이 들어 있습니다.

γ(감마)-카로틴

체내에서의 변환율은 α-카로틴, β-카로틴보다 낮지만 프로비타민A의 친구입니다. 토마토, 살구 등에 함유되어 있습니다.

리코핀

완숙 토마토에 대량 함유되어 있습니다. 지용성의 빨
간 색소입니다. 빨간빛이 더 강할수록 리코핀이 많습
니다. 강한 항산화력이 있고 동맥경화를 억제합니다.
수박, 감 등에 들어있습니다.

후코키산틴

미역, 톳, 다시마 등 해조류에 들어 있는 적갈색
의 색소입니다. 항산화작용 이외에도 내장지방을
줄이는 기능도 있다고 알려져 있습니다.

유산균

유산균, 장내세균총이란

쾌적한 장의 동네 반장으로서 드디어 장에 관해 이야기할 기회가 왔습니다.!

장이 크게 소장과 대장으로 나뉘는 것은 알고 계실 겁니다. 소장은 십이지장, 공장, 회장으로 나뉘고 음식을 소화 흡수하여 영양을 섭취하는 중요한 장기입니다. 대장은 상행결장, 횡행결장, 하행결장, S상결장, 직장으로 나뉘고 소장에서 소화 흡수

Check Point

살아서 도착하지 못하면 의미가 없다?

유산균은 살아서 장까지 도달하는 것이 좋다고 하지만 대부분은 위산 등으로 인해 죽게 됩니다. 하지만 죽은 균이라도 유익균의 먹이가 되어 장내 환경을 개선하는 역할을 합니다.

유산균
장내에서 활동하며 당질에 마법을 걸어 여러 물질로 변신시킨다.

된 음식물의 잔해물로부터 수분을 흡수하여 배변하기 쉽도록 변을 만드는 곳입니다. 개인차는 있지만, 인간의 소장의 길이는 6~7m, 대장은 1.5m라고 합니다. 대장은 소장보다 짧고 면적이 작지만, 병이 생기는 건 대장 쪽이 많습니다. 대장암, 대장폴립, 대장염, 대장카타르 등 대장에 생기는 질병이 많이 있습니다. 대장은 음식물 잔해와 장내세균으로 가득 차 있습니다. 따라서 대장이 쾌적하지 않으면 부패가 발생하게 되고, 건강에 여러 가지 이상 신호가 생깁니다.

그 때 도움을 주는 것이 「유산균」입니다. 유산균은 대장 내에서 당질을 분해하여 젖산을 만들어 내는 세균의 총칭입니다. 즉 음식물 찌꺼기를 부패시키는 것이 아니라 발효시키는 힘이 있는 것입니다. 아시는 바와 같이 발효식품은 잘 썩지 않고 장기간 보존이 가능합니다. 식품이 발효됨으로써 산성화되어 부패와 식중독을 일으키는 균의 번식을 막을 수 있기 때문입니다. 이와 같은 작용을 장내에서 해주는 것이 유산균입니다. 유산균은 200종 이상이고, 각각의 성질이나 형태는 다양합니다. 비피더스균, 불가리아균, 야쿠르트균 등도 유산균의 일종으로 요구르트 상표명으로 사용되고 있어 익숙한 이름입니다. 소금이나 식초 등으로 절인 음식, 김치, 된장, 누룩에도 풍부하게 들어있습니다.

장 안에는 무려 500~1000종류의 세균이 항상 100조 이상 살고 있습니다. 사람 몸속에서 상주하는 세균 종류의 수가 가장 많은 장소는 장입니다. 그리고 이들 세균에는 몸에 유용한 균 「유익균」, 유해한 작용을 일으키는 균 「유해균」이라고 합니다. 그리고 어느 쪽에도 속하지 않고 두 가지 중에서 우세한 쪽과 동일한 활동을 하는 균 「일화견균」이 있어 서로 일정한 균형을 유지하는 생태계가 만들어지고 있습니다.

이처럼 장내에서 형성되는 세균의 집합체를 「장내세균총(장내플로라Intestinal flora※)」이라고 부릅니다. 이 장내세균총의 균형을 맞춰주는 것이 바로 유산균입니다. (※장내에 살고 있는 세균무리, 꽃밭처럼 보인다고 해서 붙여진 명칭)

암 예방 · 비타민이나 아미노산도 만들어 낸다

앞서 유산균은 당질을 분해하여 젖산을 만들어 내는 세균이라고 설명했습니다. 음식을 예를 들면 이해가 쉬울 것입니다. 낫토나 요구르트와 같은 발효식품이 몸에 좋다고들 하고, 매일 먹는 사람도 있습니다. 하지만 상한 음식을 먹으면 배가 아프고 설사가 나죠? 세균에 의해 일어나는 변화지만, 「발효」와 「부패」는 완전히 다른 것입니다. 마찬가지로 장내에서도 발효시키는 균과 부패시키는 균이 있고, 두 세균이 서로 이기기 위해 항상 싸우고 있습니다. 그때 유산균이 등장합니다. 부패로 이어지는 유해균을 억제하여 발효를 촉진함으로써 장내 환경을 정돈합니다.

　그러면 몸에는 좋은 영향을 많이 주게 되는데, 우선 면역력이 활성화됩니다. 최근에는 전신의 면역세포 중 60~70%가 장에 있다는 사실을 알게 되었습니다. 그만큼 장은 중요한 곳입니다. 면역력이 높아지면 감기나 바이러스성 질병에 잘 걸리지 않고 아토피성 피부염, 꽃가루 알레르기 증상의 예방과 완화, 변비 예방과 개선에도 효과가 있습니다.

　또한 암 예방 효과도 기대할 수 있습니다. 요즘 암 중에서 발병율이 증가하는 것이 대장암입니다. 낫토나 된장 등 유산균이 풍부한 식품이나 식이섬유가 많은 야채를 많이 먹지 않거나 식생활이 서구화되었다는 것이 원인의 한 가지로 거론되고 있습니다.

　거기다 유산균은 소화가 어려운 당질을 분해하여 단쇄지방산(초산, 낙산, 젖산 등), 비타민(비타민K, 엽산, 비오틴 등), 아미노산(리진 등)을 만들어 영양 측면에서도 큰 도움을 줍니다. 조금씩이라도 유산균을 계속 섭취해서 장내에 존재하는 유익균을 늘려 장내 환경을 정돈해 봅시다.

Check Point

성인도 알레르기가 생긴다?

어렸을 때 알레르기가 없었다고 안심할 수 없습니다. 성인이 되어서도 면역력의 저하 등이 원인이 되어 알레르기를 일으킬 가능성이 있습니다.

유익균과 유해균이란?

두 균의 밸런스가 건강을 좌우한다

앞서 장내세균으로는 「유익균」, 「유해균」, 「일화견균」이 있다고 간략히 설명한 바 있습니다.

건강한 사람의 이상적인 균형은 유익균 20%, 유해균 10%에 나머지 70%가 일화견균입니다. 비중이 가장 높은 일화견균은 유익균과 유해균의 상태를 살피다가 어느 쪽이 우세해지냐에 따라 같은 편이 되니, 참으로 우유부단한 균이 아닐 수 없습니다. 따라서 장내 환경을 건강하게 조성하기 위해서는 유익균을 강하게 만들어 우유부단한 일화견균을 같은 편으로 만드는 것이 필요합니다. 대신 유익균이 모두 좋다고는 할 수 없고, 유익균의 얼굴을 하고 있어도 나쁜 균과 한패가 되어 안 좋은 일을 하는 경우도 있고, 유해균이라도 간혹 좋은 균이 되는 경우도 있습니다. 인간

사회처럼 이해하기 참 어려운 것이 장내 환경입니다.

유익균은 음식물이 소장에서 소화 흡수되고 남은 찌꺼기에 들어 있는 당질을 먹이로 삼고, 발효를 일으켜 장내 환경을 산성으로 만듭니다. 그 유익균의 대표로서 유산균과 비피더스균이 많이 알려져 있지요. 유산균

은 산소가 없어도 살 수 있지만 비피더스균은 산소가 없으면 살지 못한다는 차이가 있습니다.

장에는 유산균보다 비피더스균이 압도적으로 많지만, 누가 더 많고 적으냐가 중요한 것은 아니며, 장을 유해균으로부터 지킬 목적으로 서로 협력하고 있습니다. 어느 쪽이 중요하냐가 아니라 모두 필요합니다.

그런데 이 장내세균의 균형은 나이에 따라서 변하게 됩니다. 유아기의 장 속에서는 유익균인 비피더스균이 우세하지만 고령자는 감소한다고 알려져 있습니다. 즉 유익균의 감소는 노화를 촉진하는 요인이기도 한 것입니다. 노화현상뿐만이 아니라 균형이 무너져 장은 물론 몸 전체의 건강 상태도 안 좋아지게 됩니다. 최근에는 젊은층 장내 환경의 노화도 진행되고 있다고 합니다.

유익균을 늘릴 수 있는 음식으로는 곡물류, 뿌리 작물, 해조류 등의 식이섬유가 풍부한 식품, 말린 버섯이나 무말랭이 등 말린 채소, 우엉, 곤약, 버섯류 등입니다. 콩, 바나나, 우유 등 올리고당이 풍부한 음식도 추천합니다. 양파, 우엉, 아스파라거스는 올리고당을 많이 함유한 채소입니다. 그리고 아시는 바와 같이 요구르트 등의 발효유제품도 그렇습니다. 여러 종류가 시판되고 있지만, 나와 잘 맞지 않는 것도 있으니 자신의 상태에 맞는 것을 찾도록 합시다.

지금까지 장내 쾌청으로 상태 최고조인 마을 반상회장이었습니다!

올리고당

장내세균의 먹이가 된다

「올리고당」은 사람의 모유 성분에서 발견되었으며, 장내 환경을 정돈하는 기능성 성분입니다. 식이섬유와 함께 유산균의 먹이가 되어 유익균이 우세할 수 있는 환경을 만들어 줍니다. 단당이 몇 개 결합한 것으로 소당류라고도 합니다. 변비 예방이나 개선에 좋고 뱃속의 상태를 정돈해 주는 건강기능식품으로 인정받고 있습니다. 크게 나누면 소화성 올리고당과 난소화성 올리고당이 있습니다. 특히 사람의 소화효소로는 소화되지 않는 난소화성 올리고당은 에너지원이 되기는 힘들지

만, 단맛이 있어 설탕 대신으로 쓰이고, 유익균을 늘리며, 충치를 예방하는 등 많은 기능으로 주목을 받고 있습니다.

또한 올리고당은 장내세균에 의해 비타민K, B_1, B_2, B_6, B_{12}, 비오틴, 엽산 등과 합성하여, 체내 비타민 보급이라는 중요한 역할을 담당하고 있습니다.

바나나, 벌꿀, 콩가루, 고구마는 올리고당과 식이섬유를 많이 함유하고 있으니 요구르트와 함께 먹으면 효과가 좋습니다. 유산균의 활동이 강해지니 시험해보도록 합시다.

올리고당의 종류

이소말토 올리고당
단맛은 설탕의 30~55% 정도이고 진한 맛이 특징입니다. 장내 환경을 개선하고, 충치 예방 등에 도움이 됩니다. 방부제 효과가 있어 보존식에 적합합니다.

말토 올리고당
설탕과 비슷한 맛으로 단맛은 설탕의 30% 수준입니다. 감미료나 요리의 감칠맛을 내는 첨가제로도 사용됩니다.

트레할로스
설탕의 45% 수준으로 깔끔한 단맛이 있습니다. 단백질이나 전분을 안정적으로 지켜주는 성질이 있어 식품의 품질보존이나 화장품, 의약품 등에도 널리 이용됩니다.

비트 올리고당

비트 등에 들어있고 라피노스라고도 불립니다. 장내 환경을 정돈해 주고, 변비를 해소하는 효과가 있습니다.

콩 올리고당

콩에 함유된 올리고당의 총칭입니다. 설탕의 70~78% 수준의 상쾌한 단맛이 있고, 열량은 1g당 3kcal의 에너지를 만듭니다.

플락토 올리고당

설탕의 30~60% 수준의 자연스러운 단맛이 있고, 열량은 1g당 약 2kcal입니다. 뱃속의 상태를 정돈해주고 칼슘의 흡수를 촉진하는 등의 작용이 있습니다.

갈락토 올리고당

모유에 들어있어 아기가 처음으로 접하는 올리고당입니다. 충치를 예방하고, 칼슘의 흡수를 촉진하는 등의 작용을 합니다.

팔라티노스

설탕의 30% 수준의 자연스러운 단맛이 있습니다. 천연 벌꿀, 사탕수수에 들어있고 혈당치의 상승을 완만하게 하는 것이 특징입니다. 충치를 예방하고 당뇨병 환자용의 감미료로도 쓰입니다.

유황 화합물

「냄새!」가 몸에 효력이 있다.

마늘은 원 상태 그대로도 냄새가 나지만, 자르면 더 심해집니다! 양파는 자를 때 눈이 따가워 눈물이 나고, 매운맛이 있어 코가 찡하지요? 그 독특한 냄새와 매운맛 성분이 「유황 화합물」입니다. 마늘, 양파, 대파, 부추 등의 백합과나 양배추, 무, 고추냉이, 브로콜리 등의 유채과 채소에 들어있습니다. 이름 그대로 황을 포함한 화합물로 알리신, 이소티오시아네이트 등 몇 가지 종류가 있는데, 이들의 공통적인 특징은 강력한 항산화작용입니다. 활성산소를 제거해 암이나 심장병, 노화의 원인을 줄여줍니다. 혈전을 녹여서 혈액을 맑게 해주며, LDL 콜레스테롤을 줄여 동맥경화 등을 막아주는 역할도 하고 있습니다.

생양파의 알리인, 유화프로필, 가열조리 효소가 작용하여 생

유황 화합물
라면집 「원기회복 라면 본가」의 점장. 독특한 냄새를 풍기지만 위염을 치료해주고, 혈전을 녹여준다.

기는 알리신, 잘랐을 때 생기는 최루 성분인 티오설피네이트 등 여러 유황 화합물을 함유하고 있습니다. 복수의 유황 화합물이 들어 있는 식품 중 양파와 마늘이 그 효능이 가장 강력하여 고대 이집트에서 피라미드를 건설하는 노동자에게 먹였다고 알려졌을 정도입니다. 또한, 유황 화합물에는 강한 살균력이 있어 식중독 등을 막는 양념으로 쓰이기도 합니다. 또한, 양파는 위장에서 헬리코박터 파일로리균의 성장을 억제하여 위염, 위궤양, 위암을 예방하기도 합니다. 몸에 좋다고는 하지만 유황 화합물을 지나치게 섭취하면, 방귀에서도 유황 냄새가 날 수 있으니 적당하게 먹어야겠지요?

캡사이신·캡시에이트

매운 성분이 지방 연소를 촉진한다?

「캡사이신」은 주로 고추에 들어 있는 독특한 매운 성분을 말합니다. 고추기름, 김치, 두반장, 고추장 등 주변에서 쉽게 접할 수 있는 식품에 함유되어 있습니다. 고춧가루를 듬뿍 넣은 매운 요리를 먹으면 몸이 더워지고 땀이 납니다. 캡사이신은 그 발한작용의 원인이 되는 성분으로 카로티노이드의 일종입니다.

캡사이신의 역할은 「교감신경을 자극해서 아드레날린의 분

교감신경과 부교감신경

교감신경은 활동하거나 스트레스를 받을 때, 부교감신경은 쉬거나 편안할 때 작용합니다. 건강한 사람은 이 두 개의 신경이 서로 균형 있게 작용합니다.

캅사이신
「원조 100배 캅사
이신 카레」의 인도
인 점주.

캅시에이트
「최신 캅시에이트
카레 매운맛 1000
분의 1」의 꽃미남
인도인 점주.

비를 촉진한다 → 아드레날린이 지방세포에 작용한다 → 저장 지방을 분해하고 연소시킨다 → 에너지 대사를 높인다 → 체온이 상승한다 → 혈액순환이 좋아져 땀이 난다」이런 순서입니다. 온몸의 혈액순환이 좋아져 냉증이나 어깨 결림이 개선되고, 피로 해소에 도움이 될 뿐만 아니라 다이어트에도 효과가 있다고 합니다. 또, 파스 등의 외용제에 신경통을 완화해주는 성분으로도 사용되고 있습니다.

거기다 최근 새롭게 고추에서 「캡시에이트」라는 매운맛이 없는 성분이 발견되었습니다. 매운맛은 캡사이신의 1000분의 1 수준이지만 구조는 캡사이신과 유사하여 지방 연소, 체온 상승, 에너지 대사를 높이는 효과가 있다고 합니다. 매운맛이나 자극이 강하면 많이 넣지 못하는데, 캡시에이트는 편하게 첨가 할 수 있어서 다양한 응용에 기대가 모이고 있습니다.

'냉증은 만병의 근원', 몸을 따뜻하게 해주는 식사 습관과 생활을 취하도록 합시다.

그 외 영양소

락토페린

강력한 항균작용으로 몸을 지킨다

모유, 땀, 눈물 등에 들어 있는 당단백질로 우
유, 치즈 등의 유제품에도 들어 있습니다.
강력한 살균 효과가 있어 유아의 감염증 예방,
성인의 면역 강화, 염증의 억제 등에 도움이 됩니다. 다수의 세균
은 철분을 영양분으로 필요로 합니다. 락토페린은 장내에서 철분
과 결합함으로써 세균 번식에 필요한 철분 공급을 차단하여 세균
번식을 억제합니다.

또한, 장내에서 과잉된 철분과도 결합하여 활성산소의 발생도 억
제한다고 합니다. 이 외에도 중성지방을 감소시키고, 상처를 빨리
치유한다는 실험 결과도 보고되고 있고 여러 방면에서 활동이 기
대됩니다.

카제인

우유에 들어 있는 단백질, 면역력 UP 효과

우유 단백질의 약 80%를 차지하고, 우유나 치즈 등
의 유제품에 풍부하게 들어있습니다. 소화 흡수 기능
을 높이고, 면역력을 증가시키는 역할을 합니다.

그 영양 효과를 높이기 위해 프로틴 파우더 등의 영양 보충제들이
판매되기도 합니다. 또한 카제인이 장내에서 소화되는 과정에서
생기는 펩티드는 칼슘과 쉽게 결합하여 체내의 칼슘 흡수를 돕는
기능이 있습니다.

우유 알레르기가 있는 사람은 카제인 프로틴만 섭취해도 증상이
나타날 수 있으므로 주의가 필요합니다.

콜라겐

아름다운 피부, 튼튼한 뼈를 만들기 위해 충분히

많이 함유한 식품	• 소 힘줄 • 돼지 곱창 • 닭 날개

체내에서 가장 많이 존재하는 단백질로 전체 단백질 중 30%를 차
지하고 있습니다. 피부에 산소와 영양분을 공급하고, 콜라겐 자체
에 탄성력이 있기 때문에 탄력 있는 피부를 위해서 꼭 필요한 성
분입니다. 골다공증 예방과 눈의 피로 개선 등에도 도움이 됩니
다.

콜라겐은 체내에서도 합성이 되기 때문에 콜
라겐을 함유한 식품을 많이 먹는다고 해서 몸
에 직접적인 효과가 나타나는 것은 아닙니다.
양질의 단백질과 콜라겐 생성을 돕는 비타민C를 균형 있게 섭취
하는 것이 중요합니다.

소맥 알부민

당뇨병 예방에 효과가 있다

소맥(밀)에 들어 있는 수용성 단백질을 추출한 성분입니다. 침과
같은 소화 효소의 작용을 부드럽게 하고, 당의 흡수를 늦추는 역
할이 있습니다.

식후의 급격한 혈당치 상승을 방지함으로써 인슐린의 분비를 감
소시키는 역할을 하기 때문에 당뇨병에 효과가 있다고 알려졌습
니다. 단, 효과가 있는 것은 전분질에 의한 혈당치 상승에만 해당
되며, 과당에 의한 상승에는 효과가 없습니다.

당뇨병 개선 효과를 위해서는 밀로부터 직접 섭취하기 보다는 보
충제를 먹는 것이 효과적입니다.

렉틴

세포를 활성화해 유해균으로부터 몸을 지킨다

많이 함유한 식품 •강낭콩 •렌틸콩 •감자

감자, 콩류에 많이 들어 있는 단백질로 면역기능을 높이고, 감염증을 예방하는 역할이 있습니다. 세포 표면에 있는 당단백질이나 당 지방과 합쳐져 세포를 활성화하고, 세포에 부착되어있는 유해균의 증식을 막으며, 세포 자체의 면역력을 높여 줍니다.

오르니틴

암모니아의 대사에 관여하여 간 기능을 향상한다

단백질 합성에 사용되진 않지만, 아미노산과 동류입니다. 암모니아를 대사하는 역할을 하는 간의 기능을 높여주어 피로 해소를 돕는 성분으로 알려져 있습니다. 간에 좋다고 하는 바지락에 특히 많이 함유되어 있습니다. 근육 강화와 면역 기능 향상에도 효과가 있다는 보고가 있어 영양제 등에 활용되고 있습니다.

감마 아미노낙산

초조함을 막아주는 현대인의 아군

많이 함유한 식품	● 녹차 ● 발아 현미

글루타민산에서 생성되는 신경전달물질로 가바(GABA)라고도 불립니다. 뇌의 혈액 순환을 좋게 하여 산소 공급량을 증가시킴으로써 불안감과 초조함을 진정시키는 역할을 합니다. 갱년기 장애나

초로기(45~65세) 치매 증상 개선에도 효과를 기대
할 수 있습니다. 녹차나 발아 현미에 많이 함유되
어 있고, 체내에서도 글루타민산으로부터 합성됩
니다.

글루타민

장의 회복을 돕고, 위장을 건강하게 만든다

근육에 많이 함유되어 있고, 림프구와 장 점막 세포를 보호하고 손
상된 장 점막을 재생시키는 역할을 합니다. 소화관으로부터 세균
이 침입하는 것을 막고, 면역기능의 활성화에도 도움이 됩니다. 소
화관 수술을 한 경우에는 장 기능의 회복을 돕고, 에너지원으로써
사용되기도 합니다. 위장의 활동을 돕는 작용이나 알코올의 대사
를 촉진하는 역할도 한다고 알려져 있습니다.

타우린

고혈압 예방과 간 기능 향상에 효과가 있다

많이 함유한 식품 ●소라 ●가리비 ●오징어

아미노산의 일종으로 체내에서는 간, 근육, 뇌,
심장 등에 고농도로 함유되어 있습니다. 고혈
압을 개선하는 기능이 있고 동맥경화, 심부전,

심장병 등도 예방합니다. 또한, 혈중 콜레스테롤 수치를 낮추고, 간 기능을 개선하는 역할을 합니다.

콜린

동맥경화 등의 성인병을 예방한다

체내에서 아세틸콜린이나 레시틴의 재료가 되는 성분입니다. 아세틸콜린은 혈관을 확장시켜 콜레스테롤의 침착을 막는 역할을 합니다. 부족하게 되면 아세틸콜린이나 레시틴이 줄어 결과적으로 동맥경화나 간 경변 등의 성인병을 일으키게 됩니다.

코엔자임Q10

높은 항산화력으로 여러 분야에서 활약한다

많이 함유한 식품 • 고등어 • 정어리 • 돼지고기 • 땅콩

비타민Q라고도 불리며, 에너지를 만드는 효소를 돕는 보조 효소입니다. 비타민E에 필적하는 높은 항산화력이 있어서 세포막의 산화를 막아 효소의 이용 효율을 높여 줍니다. 높은 항산화력으로 의약품, 안티에이징 등 폭넓은 분야에서 이용됩니다.

이노시톨

뇌와 신경을 정상적으로 유지하고, 지방간을 막는다

많이 함유한 식품 • 오렌지 • 수박 • 멜론 • 자몽

세포막을 구성하는 인지질의 성분입니다. 뇌나 신경세포에 많이 포함되어있어 신경 기능을 정상적으로 유지하기 위한 필수 성분입니다. 지방의 흐름을 순조롭게 만들어서 지방이 간에 쌓이지 않도록 하므로 「항지방간 비타민」으로 불리기도 합니다. 음주가 잦은 사람은 적극적으로 섭취하면 좋습니다.

오로틴산

간 기능 장애와 노화를 막는다

많이 함유한 식품 • 뿌리채소(당근 등) • 소맥 배아 • 맥주 효모

비타민B_{13}이라고도 불리며, 엽산이나 비타민의 대사를 돕는 역할을 합니다. 체내에서는 아스파라긴산 등으로부터 합성되어 간 기능을 개선하고, 세포 노화를 방지하는 역할을 합니다. 하지만 그 외의 역할에 대해서는 아직 알려진 것이 많지 않아 앞으로의 연구가 기대되고 있습니다.

카르니틴

지방 연소를 돕고, 다이어트 효과도 기대된다

많이 함유한 식품 • 양고기 • 소고기 • 새꼬막

비타민BT라고도 불리며 체내 근육에 많이
존재합니다. 지방산을 미토콘드리아 내로 운
반하는 역할을 하고, 지방 연소를 도와서 다
이어트에 효과가 있는 성분으로 주목받고 있습니다. 실제로 다이
어트용 보충제로 사용되고 있고, 적색육과 어패류에 함유되어 있
습니다. 식물 식품에는 포함되어 있지 않습니다.

비타민P

비타민C와 함께 모세혈관을 강화한다

많이 함유한 식품 • 귤 • 오렌지 • 살구 • 메밀

비타민C의 기능을 돕는 작용이 있으며, 비타민C와
함께 모세혈관을 강화하여 내출혈을 방지하는 역할
을 합니다. 모세혈관이 약하면 잇몸에서 피가 나고,
멍이 잘 듭니다. 그 외에도 혈압을 낮추고, 뇌출혈을 막는 등의 효
과가 기대되고 있습니다.

비타민U

위나 장의 점막을 회복 시켜 위장약으로도 사용된다

많이 함유한 식품 • 양배추

양배추에서 발견된 성분입니다. 비타민U는
세포분열을 촉진해 단백질 합성을 활발하게 하
는 역할을 하므로 손상된 위점막 조직을 고치는
효과가 있다고 알려져 있습니다. 과도한 위산 분비를 막고, 위 ·
십이지장궤양을 예방하는 역할을 하므로 많은 위장약에 배합되
어 있습니다.

파라아미노 안식향산

엽산의 합성이나 장내세균 증식을 돕는다

많이 함유한 식품 • 간 • 달걀 • 우유

엽산이 체내에서 합성될 때 필요한 물질입니다.
파라아미노 안식향산이 부족하면, 핵산 합성과
적혈구 합성을 하는 엽산의 활동에 지장을 받게
됩니다. 파라아미노 안식향산은 장내세균의 증식을
돕는 효과도 있습니다. 장내세균에 의해 합성되는 비

타민B군의 부족분을 보충하는 효과도 기대할 수 있습니다.

구연산

<u>감귤류의 산미에는 피로 해소 효과가 있다.</u>

많이 함유한 식품	● 식초 ● 우메보시 ● 레몬

식초나 감귤류에 있는 산미의 원인 성분입니다. 체
내에서 발생하는 산성 물질과 결합 · 분해하여 에너
지로 바꾸는 역할을 하고, 피로 해소에 효과를 발휘
합니다. 칼슘이나 철분 등의 미네랄 흡수를 좋게 하
는 효과도 있습니다.

김네마산

<u>혈당치 상승을 억제해 당뇨병을 예방한다</u>

인도나 동남아에 많이 자생하는 김네마 실베스터라는 뿌리 작물
과의 식물 잎에서 추출되는 성분입니다. 인도에서는 예전부터 당
뇨병의 치료제로 사용되었는데 설탕의 단맛을 느끼지 못하게 하
면서 식욕을 감퇴시키는 작용을 합니다. 소장에서 포도당의 흡수
를 억제하는 작용도 있어 비만이나 당뇨병의 치료에 큰 역할을 합
니다. 변의 양을 많게 해주고 충치 예방 등에도 효과가 있습니다.

핵산

세포를 활성화해 암이나 치매를 예방한다

많이 함유한 식품	• 어류의 이리 • 멸치 • 연어 • 대구

세포의 분열과 재생을 담당하는 성분입니다. 젊
을 때는 체내에서 많이 생성되지만, 나이가 들어
감에 따라 합성되는 양이 줄어들기 때문에 식생
활로 섭취하는 것이 좋다고 합니다. 유전자의 회
복, 세포의 활성화 등의 역할을 하고 암이나 치매,
동맥경화의 예방에도 효과가 있다고 합니다.

클로로필

강한 항산화력을 가진 식물의 엽록소

식물에 함유된 녹색 색소로 강한 항산화작용이 있습니다. 식물
에서 자연적으로 만들어지는 화학 물질을 피토케미컬(Phytoche-
mical)이라고 하는데, 클로로필은 다른 피토케미컬과 함께 식물을
산화 스트레스로부터 지킵니다.

인체에도 염색체 이상 질환을 억제하여 암 예방에 효과가 있다고
합니다. 또한 혈중 지질 수치를 정상화하는 효과가 있어 콜레스테
롤 수치를 낮추는 성분으로 주목받고 있습니다. 살균, 냄새 제거
효과도 있습니다.

레시틴

콜레스테롤을 높여 혈액순환을 개선한다

많이 함유한 식품 • 노른자 • 콩 • 정백미

체내에서 세포막을 만드는 성분으로 노른자, 콩, 정백미에 많이 들어있습니다. 기름과 물 양쪽 모두와 잘 어울리는 성질이기 때문에 세포 내의 노폐물을 혈액에 녹임으로써 혈액순환을 개선하거나 혈관 벽에 달라붙은 콜레스테롤을 녹기 쉽게 하는 효과가 있습니다. 레시틴에는 신경전달물질을 만드는 콜린이 들어있어 뇌 기능 활성화에도 도움이 된다고 합니다.

카페인

각성효과뿐만 아니라, 비만 해소 효과도 있다

많이 함유한 식품 • 커피 • 녹차 • 초콜릿

녹차, 커피 등에 많이 들어 있는 쓴맛 성분입니다. 뇌 신경을 흥분 시켜 잠을 깨게 하고, 피로감을 해소하는 역할이 있습니다. 지방 분해 효소의 활성도를 높이는 작용이 있어 운동 전에 카페인을 섭취하면 효율적으로 지방을 태울 수 있다고 합니다. 이외에도 이뇨작용과 소화 촉진 등에 효과가 있고 강심제로도 사용됩니다.

히알루론산

강한 보습 성분이 있어 화장품에 사용된다

눈의 수정체나 관절액, 피부에 존재하는 무코다당류의 일종입니다. 물과 결합하면 겔 상태가 되어 피부의 유연성을 지켜주므로 화장품 등의 보습 성분으로서 자주 이용됩니다. 세균의 침입이나 독성물질의 침투를 막는 역할도 있습니다. 히알루론산은 식품으로 섭취해도 소화기관에서 모두 분해되어 버리기 때문에 피부나 관절에 온전히 전달되기는 어렵다고 생각됩니다.

에스트로겐

뼈나 혈관을 지키는 역할도 있는 여성 호르몬

난소에서 분비되는 스테로이드 호르몬의 일종입니다. 칼슘의 흡수를 촉진해 뼈 건강을 지키고, 혈관이나 피부 노화를 막는 역할을 합니다. 그래서 폐경 후 여성이 동맥경화나 골다공증에 걸리기 쉬워지는 것입니다. 콩에 들어 있는 이소플라본이 체내에 흡수되면 에스트로겐과 비슷한 활동을 하므로 갱년기 장애 완화에 도움이 된다고 합니다.

테르펜류(징코라이드, 리모넨, 글리틸리틴)

건강에 도움이 되는 방향 성분

식물이나 균류 등에 들어 있는 특유의 향과 쓴맛의 성분입니다. 은행잎에 들어 있는 징코라이드는 혈액 순환을 좋게 해주어 어깨 결림, 냉증 등의 개선에 도움이 됩니다. 리모넨은 감귤류의 껍질에 함유되어 있으며, 위산분비를 촉진해 식욕을 높이는 효과가 있습니다. 글리틸리틴은 감초의 뿌리에 들어 있는 성분으로 위궤양 등의 염증을 억제하는 작용이 있습니다.

세라미드

피부결을 정돈해주고, 세균의 침입을 막는다

많이 함유한 식품 · 쌀 · 소맥(밀) · 콩

표피의 각질층에 존재하는 성분입니다. 피부의 보습 기능을 개선하고, 외부의 세균 침입이나 수분의 증발을 막는 역할을 하기 때문에 크림이나 유액 등 화장품에 자주 사용됩니다. 피부 효과 이외에도 면역력의 활성화나 항암작용, 신경세포의 활성화 등에 대해 효과가 기대되어 연구가 진행되고 있습니다.

메틸설포닐메탄(식이 유황)

신진대사를 활발하게 해줘 암 예방 역할도 한다

우유나 토마토 등의 식물에 미량씩 들어 있는 성분입니다. 당질이나 지방의 대사를 촉진해 신진대사를 활발하게 해주고, 면역력을 높이는 역할이 있습니다. 관절이나 근육의 염증을 가라앉히는 효과도 있고, 알레르기 혹은 천식, 꽃가루 알레르기, 류머티즘 등의 증상을 완화해줍니다. 피부를 재생시키는 역할도 있어 화장품 성분으로도 사용됩니다.

스쿠알렌

심해 상어에 들어 있는 산소 운반책

많이 함유한 식품 • 심해상어 엑기스 • 올리브 오일 • 면실유

심해 상어의 간 기름에 많이 들어 있는 성분으로 건강식품이나 영양제로 많이 시판되고 있습니다. 산소와 결합되기 쉬운 성질이 있어 몸 구석구석까지 산소를 운반하고, 신진대사를 활발하게 해줍니다. 간 기능 향상이나 암에 대한 저항력을 높이는 효과도 기대되고 있습니다. 체내에서 스테로이드 호르몬과 비타민D, 콜레스테롤의 생합성에도 이용되고, 세포막 구성성분으로 쓰여 몸의 기능을 정상적으로 유지해 줍니다.

나토키나제

혈전을 녹이고, 동맥경화를 예방한다

낫토균이 만들어 내는 효소로 혈전을 녹여 혈액을 깨끗하게 해주는 역할을 합니다. 동맥경화나 심근경색, 뇌경색을 예방합니다. 혈액순환이 좋아져 냉증이나 어깨 결림, 고혈압에도 효과를 기대할 수 있습니다. 나토키나제는 낫토를 먹은 후 1시간 후부터 8~12시간 후까지 혈전을 녹이는 활동을 합니다. 하루 50g의 낫토를 섭취하면 좋습니다.

홍맥균

선명한 빨간색이 성인병에 효과가 있다

많이 함유한 식품 • **발효 두부**

홍맥균을 쌀에 식균한 홍맥은 고대부터 중국이나 대만, 일본 오키나와의 발효식품에 사용되어 왔습니다. 최근, 이 균이 만들어내는 모나코린K는 콜레스테롤 수치를 개선하고, 혈압을 낮추는 작용이 있다는 것이 알려져 건강식품으로서 주목받고 있습니다. 또한, 선명한 홍색의 홍맥색소는 천연 착색료로도 사용됩니다.

샴피니언 엑기스

장내 환경을 정돈해 주고 체취를 없앤다

버섯에서 추출되는 성분으로 폴리페놀이나 아미노산, 플라보노이드, 비타민 등이 풍부하게 들어있습니다. 장내 환경을 정돈해서 냄새의 근원인 유해 물질 생성을 억제합니다. 이에 의해 구취나 체취, 변의 냄새를 억제하는 효과를 기대할 수 있어 영양제 등에 이용되기도 합니다. 또한 신부전 진행을 억제하는 역할도 한다고 알려져 있습니다.

바나지움

지방을 연소 시켜 콜레스테롤 수치를 낮춘다

많이 함유한 식품	• 우유 • 새우 • 게

지방 대사를 촉진하고, 콜레스테롤 생성을 억제하는 효과가 있다고 알려져 있습니다. 초미량 원소로 일반적인 식사로는 하루 6~18㎍ 섭취할 수 있지만, 인체의 필수 성분은 아닙니다. 바나지움에는 인슐린의 분비를 일정하게 해 혈당치를 안정시키는 역할이 있고, 당뇨병의 예방이나 치료에도 효과가 있다고 기대되고 있습니다.

게니포시드산

두충차에 들어 있는 성분으로 고혈압, 당뇨병, 이상지질혈증(고지혈증)에 효과가 있다고 알려져 있습니다. 중국이 원산지인 두충이라는 낙엽수의 잎을 달인 것이 두충차입니다. 나무껍질은 요통, 간 기능이나 신장기능 개선에 효과가 있고 의약품으로도 사용되기도 합니다. 일본에서는 게니포시드산의 활동으로 말초혈관이 이완되어 혈압이 내려간다고 하여 혈압이 높은 사람을 위한 특정 보건 식품으로서도 인가받았습니다.

참고문헌

- 《일본인의 섭취 기준 (2015년 판)》 책정검토회 보고서 (후생노동성)

- 《개정판 영양의 교과서》 나카지마 요우코 감수 (신세이 출판사)

- 《먹는다는 것이 엄청 즐거워진다! 영양소 캐릭터 도감》 타나카 아키라, 카마치 케이코 감수 (다카하시서점)

- 《몸에 맛있는 새로운 영양학》 요시다 키요코, 마츠다 사나에 감수 (일본 도서센터)

- 《완전 분석판 식품영양사전》 나카지마 요우코, 카모하라 세이카, 아베 요시코 감수 (슈후노토모사)

세상에서 제일 이해하기 쉬운
영양소도감

제1판 1쇄 발행 2021년 10월 10일
제1판 2쇄 발행 2024년 09월 09일

지은이 마키노 나오코
옮긴이 서희경
편집장 김민정
제작 김혜영
기획 서아만
펴낸곳 시사문화사
펴낸이 김성민
출판등록 1978년 4월 21일 제2-124호

주소 서울시 마포구 토정로 222(신수동) 한국출판콘텐츠센터 422호
전자우편 sisa-identity@naver.com
전화 02-716-5465
팩스 0303-3446-5000

ISBN 978-89-7323-390-8 13590

한국어출판권 ⓒ 2021 시사문화사